金属切削加工与刀具

（第3版）

活页式教材

主　编　武友德（学校）
　　　　刘　彬（企业）

副主编　伍晓亮

参　编（学校）　孙　涛　苟建峰　陈远新
　　　　　　　　武明洲　杜雨轩

参　编（企业）　郭进勇　何　川　黄求安　李全俊
　　　　　　　　王　敏　张　博　周晓华

主　审　冷真龙（学校）
　　　　诸　洪（企业）

北京理工大学出版社
BEIJING INSTITUTE OF TECHNOLOGY PRESS

内容简介

本书紧紧围绕高素质技术技能人才培养目标，对接专业教学标准和"1+X"职业能力评价标准，选择项目案例，结合生产实际中需要解决的一些刀具应用技术与创新的基础性问题，以项目为纽带、任务为载体、工作过程为导向，科学组织教材内容，进行教材内容模块化处理，注重课程之间的相互融通及理论与实践的有机衔接，开发工作页式的工单，形成了多元多维、全时全程的评价体系，并基于互联网，融合现代信息技术，配套开发了丰富的数字化资源，编写成了该活页式教材。

本书共分为"课程认识""金属切削加工认知""车削加工及车刀应用""铣削加工及铣刀应用""孔加工及刀具应用""磨削加工及砂轮应用""其他刀具简介及应用"等7大模块。

本书以工作页式的工单为载体，强化学生自主学习及小组合作探究式学习，在课程革命、学生地位革命、教师角色革命和评价革命等方面全面改革。

本书可以作为高职高专院校、技术应用型本科院校机械制造类专业学生用书，也可作为企业技术人员的参考资料。

版权专有　侵权必究

图书在版编目（CIP）数据

金属切削加工与刀具／武友德，刘彬主编．－－3版．－－北京：北京理工大学出版社，2021.9（2024.1重印）

ISBN 978－7－5763－0354－4

Ⅰ．①金… Ⅱ．①武… ②刘… Ⅲ．①金属切削－高等学校－教材②刀具（金属切削）－高等学校－教材 Ⅳ．①TG501②TG71

中国版本图书馆 CIP 数据核字（2021）第 190216 号

责任编辑：	孟雯雯	**文案编辑**：	多海鹏	
责任校对：	周瑞红	**责任印制**：	李志强	

出版发行	／北京理工大学出版社有限责任公司
社　　址	／北京市丰台区四合庄路6号
邮　　编	／100070
电　　话	／（010）68914026（教材售后服务热线）
	（010）68944437（课件资源服务热线）
网　　址	／http:／／www.bitpress.com.cn
版印次	／2024年1月第3版第2次印刷
印　　刷	／河北盛世彩捷印刷有限公司
开　　本	／787 mm×1092 mm　1/16
印　　张	／19
字　　数	／441千字
定　　价	／58.80元

图书出现印装质量问题，请拨打售后服务热线，负责调换

前　言

为贯彻落实党的二十大精神，深入推进新型工业化，加快建设制造强国、质量强国、航天强国、交通强国、网络强国、数字中国，推动制造业高端化、智能化、绿色化发展。本教材及对应课程旨在全面提升学生的综合素质水平，使学生立志做有理想、敢担当、能吃苦、肯奋斗的新时代好青年，让青春在全面建设社会主义现代化国家的火热实践中绽放绚丽之花。

"金属切削原理与刀具"课程是高职高专机械制造类专业的一门主干专业课程。为建设好该课程，编者认真研究专业教学标准和"1+X"职业能力评价标准，开展广泛调研，联合企业制定了毕业生所从事岗位（群）的《岗位（群）职业能力及素养要求分析报告》，并依据《岗位（群）职业能力及素养要求分析报告》开发了《专业人才培养质量标准》，按照《专业人才培养质量标准》中的素质、知识和能力要求要点，注重"以学生为中心，以立德树人为根本，强调知识、能力、思政目标并重"，组建了校企合作的结构化课程开发团队，以生产企业实际项目案例为载体，以任务驱动、工作过程为导向，进行课程内容模块化处理，以"项目+任务"的方式开发工作页式的任务工作单，注重课程之间的相互融通及理论与实践的有机衔接，形成了多元多维、全时全程的评价体系，并基于互联网，融合现代信息技术，配套开发了丰富的数字化资源，编写成了该活页式教材。

本书以工作页式的工单为载体，强化学生自主学习和小组合作探究式学习，在课程革命、学生地位革命、教师角色革命和评价革命等方面全面改革，重点突出技术应用，强化学生创新能力的培养。

本书实施"双主编""双主审"制，由四川工程职业技术学院武友德教授和中国兵器装备集团自动化研究所刘彬高级工程师联合担任主编，由四川工程职业技术学院冷真龙教授和中国兵器装备集团自动化研究所诸洪高级工程师联合担任主审。每一个模块内容均由企业和学校人员联合编写。

本书具体编写分工如下：

四川工程职业技术学院伍晓亮博士、讲师和中国兵器装备集团自动化研究所郭进勇工程师联合编写模块一；

四川工程职业技术学院武友德博士、教授和中国兵器装备集团自动化研究所何川联合编写模块二；

四川工程职业技术学院苟建峰博士、教授和中国兵器装备集团自动化研究所黄求安工程师联合编写模块三；

四川工程职业技术学院陈远新硕士、讲师和中国兵器装备集团自动化研究所李全俊工程师联合编写模块四；

四川工程职业技术学院杜雨轩博士、教师和中国兵器装备集团自动化研究所王敏联合编写模块五；

四川工程职业技术学院武明洲博士、讲师和中国兵器装备集团自动化研究所张博联合编写模块六；

四川工程职业技术学院孙涛博士、副教授和中国兵器装备集团自动化研究所周晓华工程师联合编写模块七。

因该书涉及内容广泛，编者水平有限，难免出现错误和处理不妥之处，请读者批评指正。

编　者

目　　录

模块一　课程认识 ··· 1
  任务一　课程性质及定位理解 ·· 1
  任务二　前后课程的衔接和融通 ··· 9

模块二　金属切削加工认知 ·· 17
  项目一　刀具的基本术语理解 ··· 17
    任务一　切削加工要素认知 ··· 17
    任务二　刀具几何参数定义了解 ··· 29
  项目二　金属切削加工变形分析 ·· 45
    任务一　切削变形认知 ·· 45
    任务二　常用加工材料的切削变形分析及应用 ··· 57
  项目三　切削力分析 ··· 67
    任务一　切削力认知 ·· 67
    任务二　影响切削力因素分析及应用 ··· 77
  项目四　刀具磨损及耐用度分析 ·· 85
    任务一　刀具磨损原因分析 ·· 85
    任务二　耐用度影响因素及其应用 ·· 99

模块三　车削加工及车刀应用 ·· 107
  项目一　车刀及其应用 ·· 107
    任务一　车刀的种类及应用 ·· 107
    任务二　车刀的结构认知 ··· 113
    任务三　车削方法应用 ·· 119
  项目二　车刀及其切削参数选用 ··· 127
    任务一　车刀刀片及刀杆选用 ··· 127
    任务二　车削参数确定 ·· 137

模块四　铣削加工及铣刀应用 ·· 145
  项目一　铣刀及其应用 ·· 145
    任务一　铣刀的种类及其应用 ··· 145

任务二　铣刀的结构认知 ·················· 153
　　　任务三　铣削方式应用 ······················ 161
　项目二　铣刀及其切削参数选用 ············ 169
　　　任务一　铣刀刀片及刀柄选用 ············ 169
　　　任务二　铣削条件确定 ······················ 177

模块五　孔加工及刀具应用 ·············· 185

　项目一　孔加工刀具认识 ······················ 185
　　　任务一　孔加工刀具的种类及认识 ······ 185
　　　任务二　孔加工刀具的结构认知 ·········· 197
　　　任务三　孔加工方法应用 ···················· 215
　项目二　孔加工刀具及其切削参数选用 ···· 223
　　　任务一　钻削条件确定 ······················ 223
　　　任务二　镗削加工及刀具选用 ············ 229

模块六　磨削加工及砂轮应用 ·············· 235

　项目一　砂轮及其应用 ·························· 235
　　　任务一　砂轮的种类及其应用 ············ 235
　　　任务二　砂轮的结构认知 ···················· 243
　　　任务三　磨削方式应用 ······················ 251
　项目二　磨削切削参数选用 ···················· 261
　　　任务一　砂轮的磨损与修整 ················ 261
　　　任务二　磨削参数选用 ······················ 267

模块七　其他刀具简介及应用 ·············· 275

　　　任务一　非标刀具及应用 ···················· 275
　　　任务二　新型刀具简介 ······················ 289

模块一　课程认识

任务一　课程性质及定位理解

1.1.1　任务描述

完成如图 1-1 所示零件的加工，确定所采用的刀具、切削参数以及切削条件。

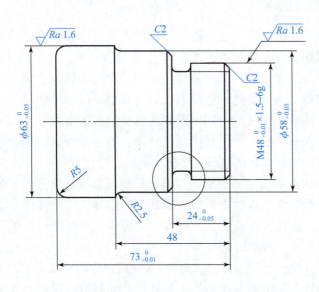

技术要求

锐边倒钝。

图 1-1　短轴

1.1.2 学习目标

1. 知识目标

(1) 掌握课程的性质；
(2) 掌握课程在人才培养中的定位。

2. 能力目标

(1) 能理解金属切削原理与刀具的内涵；
(2) 能理解本课程在专业人才培养中的定位。

3. 素养素质目标

(1) 培养勤于思考、分析问题的意识；
(2) 培养规范意识；
(3) 培养低碳环保意识。

1.1.3 重难点

1. 重点

课程性质认知。

2. 难点

本课程在人才培养中的定位。

1.1.4 相关知识链接

高等教育对于满足中国经济社会发展及社会对高端技术技能人才的需要起到了积极的促进作用。高等职业教育重在"德技兼修"，本课程内容从服务国家发展战略和满足经济与社会发展需要出发，结合岗位能力、知识、素质和技能要求，精心组织教学内容，以互联网为载体，融合现代信息技术，更新教学方法和教学手段。本课程的核心是一方面强调知识体系的完整性，同时兼顾与其他课程的有机联系和融通，使学生学完本课程后具备解决和分析生产实际问题的能力；另一方面强调理论与实践的相互联系和融通，做到理论知识能有效地指导实践，突出"应用"。

机械产品的生产和制造离不开机床、刀具、检测量具或量仪等工艺装备，而金属切削加工理论是解决金属切削过程中一般问题的理论基础，工艺文件是指导生产不可缺少的技术文件。工艺文件所反映的主要内容包含零件生产加工过程中所使用的刀具及参数、量具、机床设备、切削用量等。

从上面分析可知，"金属切削加工与刀具"课程所包含的金属切削加工原理与各类刀具的结构特点、设计和应用等方面的知识是机械产品制造过程中的重要内容，所以该课程是机械制造类专业的一门主干专业课程，本课程主要讲授刀具角度及切削要素、刀具材料、金属切削加工过程中的切削变形、切削力、切削热与切削温度、刀具磨损与耐用度、切削基本理论的应用、常用刀具的选用及其正确使用、切削用量及其选用、切削液及其选用等基本理论，为分析加工过程中一般问题提供基础理论保障；使学生具备常用刀具及在生产中的应用知识;具备金属切削加工切削用量的正确选择能力。其培养目标就是要围绕生产岗位的素质、知识和能力要求,强化金属切削加工理论的学习,同时掌握各类刀具的结构及其正确使用要求,并能把切削加工理论应用到生产实践中。学生学完本课程后,能了解工件材料的切削加工性,能根据实际加工条件合理选择切削液、刀具结构及刀具几何参数,能正确使用刀具,能合理确定切削用量,会设计特殊用途的非标刀具等,并能应用所学知识从金属切削加工理论与刀具正确选用和使用方面入手,控制和提高已加工表面质量;学完本课程后应具备分析和解决生产过程中一般问题的能力。

1.1.5 任务实施

1.1.5.1 学生分组

学生分组表 1-1

班级		组号		授课教师	
组长		学号			
组员	姓名		学号	姓名	学号

1.1.5.2 完成任务工单

任务工作单

组号:_____ 姓名:_____ 学号:_____ 检索号:__1152-1__

引导问题:

(1) 谈谈你对该课程的认识。

_____

_____

(2) 学好该课程,分析其对以后工作的支撑作用。

_____

_____

(3) 简述如何做到低碳环保。

_____

_____

任务工作单

组号：_____ 姓名：_____ 学号：_____ 检索号：　1152－2

引导问题：

(1) 完成如图 2－1 所示零件的加工，应具备哪些方面的知识储备？

_____

_____

(2) 完成如图 2－1 所示零件的加工，应该完成哪些准备工作？

_____

_____

1.1.5.3　合作探究

任务工作单

组号：_____ 姓名：_____ 学号：_____ 检索号：　1153－1

引导问题：

(1) 小组讨论，教师参与，确定任务工作单 1152－1 和 1152－2 的最优答案，并检讨自己存在的不足。

_____

_____

(2) 每组推荐一个小组长，进行汇报。根据汇报情况，再次检讨自己的不足。

_____

_____

1.1.6　评价反馈

任务工作单

组号：_____ 姓名：_____ 学号：_____ 检索号：　116－1

自我评价表

班级		组名		日期	年　月　日
评价指标	评价内容			分数/分	分数评定
信息收集能力	能有效利用网络、图书资源查找有用的相关信息等；能将查到的信息有效地传递到学习中			10	
感知课堂生活	是否能在学习中获得满足感、课堂生活的认同感			10	
参与态度，沟通能力	积极主动与教师、同学交流，相互尊重、理解、平等；与教师、同学之间是否能够保持多向、丰富、适宜的信息交流			15	
	能处理好合作学习和独立思考的关系，做到有效学习；能提出有意义的问题或能发表个人见解			15	

续表

班级		组名		日期	年　月　日
评价指标	评价内容			分数/分	分数评定
对本课程的认识	本课程主要培养的能力		本课程主要培养的知识	5	
	对将来工作的支撑作用			10	
辩证思维能力	是否能发现问题、提出问题、分析问题、解决问题、创新问题			10	
自我反思	按时保质地完成任务；较好地掌握知识点；具有较为全面、严谨的思维能力，并能条理清楚、明晰地表达成文			25	
	自评分数				
总结提炼					

任务工作单

被评价人信息：组号：_____ 姓名：_____ 学号：_____ 检索号：116-2

小组内互评验收表

验收人组长		组名		日期	年　月　日
组内验收成员					
任务要求	课程定位的认识；完成给定零件加工任务应具备的知识和能力储备分析；完成给定零件加工应该做的工作准备；任务完成过程中，至少包含5份文献检索目录清单				
文档验收清单	被评价人完成的1152-1任务工作单				
	被评价人完成的1152-2任务工作单				
	文献检索目录清单				
	评分标准			分数/分	得分
验收评分	能正确表述课程的定位，缺一处扣1分			25	
	描述完成给定零件加工任务应具备的知识、能力储备分析，缺一处扣1分			25	
	描述完成给定零件加工应该做的工作准备，缺一处扣1分			25	
	文献检索目录清单，至少5份，少一份扣5分			25	
	评价分数				
总体效果定性评价					

任务工作单

被评组号：_____　　　检索号：__116－3__

小组间互评表（听取各小组长汇报，同学打分）

班级		评价小组		日期	年　月　日
评价指标	评价内容			分数/分	分数评定
汇报表述	表述准确			15	
	语言流畅			10	
	准确反映该组完成任务情况			15	
内容正确度	所表述的内容正确			30	
	阐述表达到位			30	
	互评分数				

二维码 1-1

任务工作单

组号：_____　姓名：_____　学号：_____　检索号：__116－4__

任务完成情况评价表

任务名称		课程性质与定位理解		总得分		
评价依据		学生完成任务后的任务工作单				
序号	任务内容及要求		配分/分	评分标准	教师评价	
					结论	得分
1	课程定位	（1）描述正确	10	缺一个要点扣1分		
		（2）语言表达流畅	10	酌情赋分		
2	完成给定零件加工任务应具备的知识、能力储备分析	（1）应具备的知识分析	10	缺一个要点扣1分		
		（2）应具备的能力分析	10	缺一个要点扣1分		
3	完成给定零件加工应该做的工作准备	（1）涉及哪几个方面的准备	15	缺一个要点扣2分		
		（2）每一个工作准备的作用	15	缺一个要点扣2分		
4	至少包含5份文献检索目录清单	（1）数量	10	每少一个扣2分		
		（2）参考的主要内容要点	10	酌情赋分		

续表

任务名称	课程性质与定位理解			总得分	
评价依据	学生完成任务后的任务工作单				
序号	任务内容及要求		配分/分	评分标准	教师评价
					结论 | 得分
5	素质素养评价	(1) 沟通交流能力 (2) 团队合作 (3) 课堂纪律 (4) 合作探学 (5) 自主研学	10 分	酌情赋分，但违反课堂纪律，不听从组长、教师安排，不得分	

二维码 1-2

任务二　前后课程的衔接和融通

1.2.1　任务描述

理解该课程与已学习的前序课程、平行课程的知识、能力的衔接和融通关系，以及对后续课程的支撑与融通关系。

1.2.1　学习目标

1. 知识目标

（1）掌握该课程与前序课程的衔接和融通关系；
（2）掌握该课程与平行课程的衔接和融通关系。

2. 能力目标

（1）能理解该课程与其他课程的衔接和融通关系；
（2）能理解本课程对后续课程的支撑作用。

3. 素养素质目标

（1）培养辩证分析能力；
（2）培养逻辑思维能力。

1.2.3　重难点

1. 重点

本课程与其他课程的衔接和融通关系。

2. 难点

本课程对后续课程的支撑作用。

1.2.4　相关知识链接

本课程是机械制造类专业的一门主干专业课程，是学习机床夹具、金属切削机床、机械加工工艺等主干专业课程的基础支撑，同时学习该课程时又要以前面所学"机械制图""金属材料与热加工基础""公差配合与技术测量"等为基础，所以该课程在专业人才培养课程体系中起到了将各专业技术基础课程和专业课程有机衔接的桥梁作用。

本课程的主要内容之一是讲述刀具切削部分的几何参数及其图示，因此为学好该课程必须以前面所学的立体几何和制图知识作为基础，明确投影关系；刀具材料和金属切削加工理论的学习要以金属材料的性能作为基础，与前面所学的金属材料密切相关；学习"机械加工工艺"课程，按照实际零件加工工程图样编写工艺文件时，本课程讲述的刀具及其切削用量的选择是其主要内容；按照零件工程图样确定刀具结构、刀具几何参数和选择刀具材料时，必须看懂零件工程图样上的尺寸精度、表面粗糙度等技术要求及其含义，所以该门课程又与"公差配合与技术测量"课程紧密联系；在学习"机床夹具及其应用"课程时，涉及工件夹紧力的方向、大小和作用点的确定等方面的知识，而这些内容与本课程所学的金属切削加工中所产生的切削力大小、方向有密切的关系；在学习该门课程时，刀具的正确安装和使用必须以"金属切削机床"课程中所讲到的机床结构及其运动方面的知识作为基础。所以说该课程是机械制造类专业重要的主干专业课程，只有学好该门课程才能保障该类专业培养目标的实现。

本教材重点突出"应用"二字，教师在授课过程中应充分认识到强化理论教学与实践教学并重的重要性和紧迫性，形成一致的思想、理念、行动；着力推进手段和方法的改革，教师应具备丰富的实践经验。

由于该门课程对理论与实践要求都很高，所以必须强化理论与实践的有机结合，要充分利用行业、企业优势，大力推行"校企合作、产学研结合"的教学模式，做到理论与实践并重，强化应用能力的培养。

教师教学方法：

（1）每个模块要以典型的生产实际案例为任务载体，系统地讲清楚相关的理论知识，然后应用所学知识分析和解决问题；

（2）按照课程质量标准，完善实践教学资源，开发多种教学手段；

（3）力求做到所传授的知识成系统、实践应用能力训练成系统，并做到理论与实践的相互融通；

（4）教师应坚持长期学习和进行金属切削加工与刀具新技术的应用研究，并把金属切削加工与刀具方面的新技术引入课堂，理论联系实际开展教学；

（5）强化校企合作，加强调研，及时把企业先进技术引入课堂；

（6）讲授过程中应该充分利用二维码信息，改变教学方法和手段，让学生直观地学、有兴趣地学。

学生学习方法：

（1）了解该门课程的重要性；

（2）重视该门课程，端正学习态度；

（3）强化理论钻研，拓展相关知识面；

（4）深入实验室认真做好实验；

（5）深入校内生产实训基地、校外企业，全面了解企业生产过程，切实了解各类常用刀具及其在生产中的正确应用；

（6）严格按照教师的要求，课后要利用二维码所提供的信息资源，切实巩固、理解和掌握所必需的内容，对于一些不好理解的重点和难点，学生在课后要反复利用二维码信息，进一步地学习和领会，直到弄懂为止。

1.2.5 任务实施

1.2.5.1 学生分组

学生分组表 1-2

班级		组号		授课教师	
组长		学号			
组员	姓名		学号	姓名	学号

1.2.5.2 完成任务工单

任务工作单

组号：_____   姓名：_____   学号：_____   检索号：__1252-1__

引导问题：

（1）本课程的前序相关课程有哪些？分别阐述前序课程与该课程的衔接和融通关系。

_____

_____

_____

（2）你了解有哪些与本课程相关的平行课程？它们与该课程的关联性如何？

_____

_____

_____

（3）你是否了解该课程相关的后续课程？该课程对后续课程有哪些支撑作用？

_____

_____

_____

1.2.5.3 合作探究

任务工作单

组号：_____ 姓名：_____ 学号：_____ 检索号：　1253 – 1

引导问题：

(1) 小组讨论，教师参与，确定任务工作单 1252 – 1 的最优答案，并检讨自己存在的不足。

_____

_____

(2) 每组推荐一个小组长，进行汇报。根据汇报情况，再次检讨自己的不足。

_____

_____

1.2.6 评价反馈

任务工作单

组号：_____ 姓名：_____ 学号：_____ 检索号：　126 – 1

自我评价表

班级		组名		日期	年　月　日
评价指标	评价内容			分数/分	分数评定
信息收集能力	能有效利用网络、图书资源查找有用的相关信息等；能将查到的信息有效地传递到学习中			10	
感知课堂生活	是否能在学习中获得满足感、课堂生活的认同感			10	
参与态度，沟通能力	能积极主动与教师、同学交流，相互尊重、理解、平等；与教师、同学之间是否能够保持多向、丰富、适宜的信息交流			10	
	能处理好合作学习和独立思考的关系，做到有效学习；能提出有意义的问题或能发表个人见解			10	
知识、能力获得	本课程的前序课程名称			20	
	平行课程名称				
	后续课程名称				
	与前序课程衔接的知识点			20	
	与平行课程衔接的知识点				
	支撑后续课程的知识点				

续表

班级		组名	日期	年　月　日
评价指标	评价内容		分数/分	分数评定
辩证思维能力	是否能发现问题、提出问题、分析问题、解决问题、创新问题		10	
自我反思	按时保质地完成任务；较好地掌握知识点；具有较为全面、严谨的思维能力，并能条理清楚、明晰地表达成文		10	
	自评分数			
总结提炼				

任务工作单

被评价人信息：组号：_____　姓名：_____　学号：_____　检索号：126-2

小组内互评验收表

验收人组长		组名	日期	年　月　日
组内验收成员				
任务要求	与该课程关联紧密的前序课程；该课程与前序课程的衔接和融通关系；该课程与平行课程的关系；该课程与后续课程的衔接和融通关系；任务完成过程中，至少包含5份文献检索目录清单			
文档验收清单	被评价人完成的1252-1任务工作单			
	文献检索目录清单			
	评分标准		分数/分	得分
验收评分	能正确表述与该课程关联紧密的前序课程，缺一处扣1分		20	
	描述该课程与前序课程的衔接和融通关系，缺一处扣1分		20	
	描述该课程与平行课程的关系，缺一处扣1分		20	
	描述该课程与后续课程的衔接和融通关系，缺一处扣1分		20	
	文献检索目录清单，至少5份，少一份扣5分		20	
	评价分数			
总体效果定性评价				

任务工作单

被评组号：_____　　检索号：　126－3

小组间互评表（听取各小组长汇报，同学打分）

班级		评价小组		日期	年　月　日
评价指标	评价内容			分数/分	分数评定
汇报表述	表述准确			15	
	语言流畅			10	
	准确反映该组完成任务情况			15	
内容正确度	所表述的内容正确			30	
	阐述表达到位			30	
互评分数					

任务工作单

组号：_____　姓名：_____　学号：_____　检索号：　126－4

任务完成情况评价表

任务名称	前后课程的衔接和融通			总得分	
评价依据	学生完成任务后的任务工作单				
序号	任务内容及要求	配分/分	评分标准	教师评价	
				结论	得分
1	阐述与该课程关联紧密的前序课程	(1) 描述正确　　10	缺一个要点扣1分		
		(2) 语言表达流畅　10	酌情赋分		
2	该课程与前序课程的衔接和融通关系	(1) 描述正确　　10	缺一个要点扣1分		
		(2) 语言流畅　　10			
3	该课程与平行课程的关系	(1) 描述正确　　10	缺一个要点扣2分		
		(2) 语言流畅　　10	酌情赋分		
4	该课程与后续课程的衔接和融通关系	(1) 描述正确　　10	缺一个要点扣2分		
		(2) 语言流畅　　10	酌情赋分		

续表

任务名称		前后课程的衔接和融通		总得分		
评价依据		学生完成任务后的任务工作单				
序号	任务内容及要求		配分/分	评分标准	教师评价	
					结论	得分
5	至少包含5份文献检索目录清单	（1）数量	5	每少一个扣2分		
		（2）参考的主要内容要点	5	酌情赋分		
5	素质素养评价	（1）沟通交流能力	10	酌情赋分，但违反课堂纪律、不听从组长、教师安排，不得分		
		（2）团队合作				
		（3）课堂纪律				
		（4）合作探学				
		（5）自主研学				

二维码1-4

模块二 金属切削加工认知

项目一 刀具的基本术语理解

任务一 切削加工要素认知

2.1.1.1 任务描述

要完成如图2-1所示零件的车削加工,需确定车削 $\phi63_{-0.05}^{0}$ mm外圆、切螺纹退刀槽、加工 $M48_{-0.01}^{0} \times 1.5 - 6g$ 螺纹时,切削加工三要素的具体含义。如果以切削速度 9 m/min 去精车 $\phi63_{-0.05}^{0}$ mm 外圆,则计算车床主轴的旋转速度;如果每转进给量为 0.1 mm/r,则计算刀架移动速度。

2.1.1.2 学习目标

1. 知识目标

(1) 掌握切削三要素的定义;
(2) 掌握切削三要素的相关知识。

2. 能力目标

(1) 能根据切削参数确定机床转速;
(2) 能根据切削参数确定车床刀架移动速度。

3. 素养素质目标

(1) 培养精益求精、专心细致的工作作风;
(2) 培养热爱劳动的意识;
(3) 培养降本增效的意识。

2.1.1.3 重难点

1. 重点

切削要素的选择。

2. 难点

根据切削要素,确定机床参数。

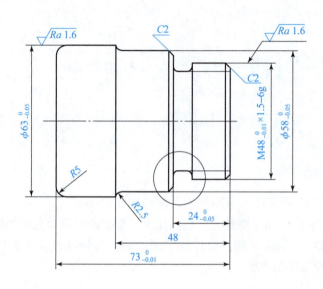

技术要求

锐边倒钝。

图 2-1 短轴

2.1.1.4 相关知识链接

2.1.1.4.1 切削运动

用车刀车削外圆是金属切削加工中常见的加工方法，现以它为例来分析工件与刀具之间的切削运动。如图 2-2 所示车削外圆时，工件旋转，车刀连续纵向直线进给，于是形成工件的外圆柱表面。

在其他各种切削加工方法中，刀具或工件同样必须完成一定的切削运动。通常切削运动按其所起作用可分为以下两种。

二维码 2-1

1. 主运动

主运动是切削时最主要、消耗功率最多的运动，它是工件与刀具之间产生的相对运动，如车削外圆时的工件旋转运动即主运动。其他切削加工方法中的主运动也同样是由工件或由刀具来完成的，其形式可以是旋转运动或直线运动，但各种切削加工方法中的主运动通常只有一个。

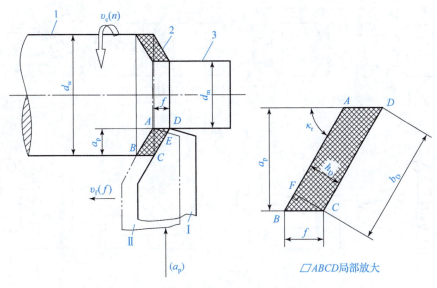

图2-2 车削运动形成的表面和切削层参数
1—待加工表面；2—过渡表面；3—已加工表面

2. 进给运动

进给运动是刀具与工件之间产生的附加运动，以保证切削连续地进行，例如车削外圆时车刀的纵向连续直线进给运动。其他切削加工方法中也是由工件或刀具来完成进给运动的，但进给运动可能不止一个。它的运动形式可以是直线运动、旋转运动或两者的组合，但无论是哪种形式的进给运动，其消耗的功率都比主运动要小。

总之，任何切削加工方法都必须有一个主运动，可以有一个或几个进给运动。主运动和进给运动可以由工件或刀具分别完成，也可以由刀具单独完成（例如在钻床上钻孔或铰孔）。

在切削运动的作用下，工件上的切削层不断地被刀具切削并转变为切屑，从而加工出所需要的工件新表面。在这一表面形成的过程中，工件上有三个不断变化着的表面，如图2-2所示。

(1) 待加工表面：即将被切去金属层的表面；
(2) 过渡表面（加工表面）：切削刃正在切削的表面；
(3) 已加工表面：已经切去多余金属而形成的新表面。

二维码2-2

这些定义也适用于其他切削加工方法。不同形状的切削刃与不同的切削运动组合，即可形成各种工件表面，如图2-3所示。

2.1.1.4.2 切削用量

切削用量是切削速度、进给量和背吃刀量（切削深度）的总称，也称为切削用量三要素，如图2-4所示。切削用量是表示主运动及进给运动大小的参数，主要用于调整机床、编制工艺路线等。切削用量直接影响零件的加工精度与表面质量、刀具寿命、机床功率损耗及生产率等，所以切削用量是重要的基本概念，必须学习、理解透彻。

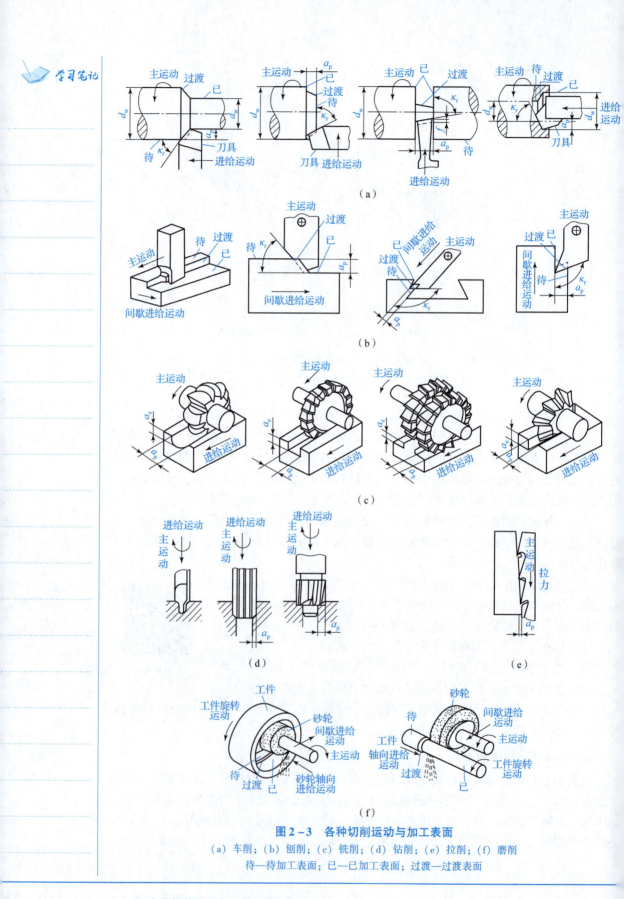

图 2-3 各种切削运动与加工表面
(a) 车削；(b) 刨削；(c) 铣削；(d) 钻削；(e) 拉削；(f) 磨削
待—待加工表面；已—已加工表面；过渡—过渡表面

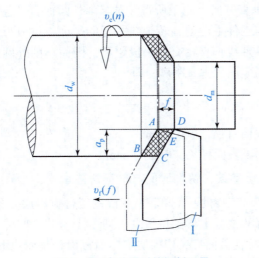

图 2-4　车外圆时的切削用量

1. 切削速度

切削速度是主运动的线速度 v_c，是指切削刃选定点相对于工件主运动的瞬时速度，单位为 m/min。

当主运动为旋转运动时，切削速度由下式确定：

$$v_c = \frac{\pi d n}{1\,000} \tag{2-1}$$

式中：d——工件直径或刀具（砂轮）直径，单位为 mm；

n——工件或刀具（砂轮）的转速，单位为 r/min。

对于旋转体类工件或旋转类刀具，在转速一定时，由于切削刃上各点的回转半径不同，因而切削速度不同。在计算时，应以最大的切削速度为准。如车削外圆时应计算刀刃上所对应的最大点的速度，钻削时计算钻头外径处的速度。这是因为从刀具方面考虑，速度大的地方发热多、磨损快，应当予以注意。

2. 进给速度 v_f、进给量 f、每齿进给量 f_z

进给速度 v_f 是刀刃上选定点相对于工件的进给运动的速度，其单位为 mm/min。

进给量 f 是工件或刀具的主运动每一转或每一行程时，工件和刀具两者在进给运动方向上的相对位移量，其单位是 mm/r。

每齿进给量 f_z 是多刃切削刀具（如铣、铰、拉）在切削工件时，有 z 个齿同时进行切削，多刃切削刀具在每转过一齿角时，工件和刀具的相对位移量，单位是 mm/z。

进给速度 v_f 与进给量 f 的关系：

$$v_f = f n \tag{2-2}$$

进给速度 v_f 与每齿进给量 f_z 的关系：

$$v_f = f_z \times n \times z \tag{2-3}$$

3. 背吃刀量 a_p（又称切削深度）

它是一个与主切削刃和工件切削表面接触长度有关的量，在包含主运动 v_c 和进给

运动 v_f 方向的平面的垂直方向上测量所得。对车削外圆而言，包含主运动方向和进给运动方向的平面，是与工件主运动旋转轴线平行的平面，过刀刃上任意点的该平面的垂直方向距离即与工件轴线垂直相交的一段距离，因而车削外圆的切削深度等于工件上已加工表面与待加工表面的垂直距离，即

$$a_p = \frac{d_w - d_m}{2} \qquad (2-4)$$

式中：d_m——已加工表面直径，单位为 mm；

d_w——工件待加工表面直径，单位为 mm。

2.1.1.4.3 切削层参数、切削时间与材料切除率

切削加工时刀具切过工件的一个单程所切除的工件材料层。图 2-2 中工件旋转一周的时间内，刀具正好从位置 Ⅰ 移到位置 Ⅱ，切下 Ⅰ 与 Ⅱ 之间的工件材料层，四边形 ABCD 称为切削层的公称横截面积。切削层实际横截面积是四边形 ABCE，AED 为残留在已加工表面上的横截面积，它直接影响已加工表面的表面粗糙度。

切削层形状、尺寸直接影响着工件切削过程的变形、刀具承受的负荷以及刀具的磨损。为简化计算，切削层形状、尺寸规定在刀具基面（即水平面）中度量，即在切削层公称横截面中度量。

切削层尺寸是指在刀具基面中度量的切削层厚度与宽度，它与切削用量 a_p、f 的大小有关。切削层横截面及其厚度、宽度的定义与符号如下。

1. 切削公称厚度 h_D

切削公称厚度简称切削厚度，是指切削层两相邻过渡表面之间的垂直距离，如图 2-2 所示（AB 与 CD 间的垂直线），单位为 mm。

$$h_D = f \sin \kappa_r \qquad (2-5)$$

式中：κ_r——车刀主偏角

2. 切削公称宽度 b_D

切削公称宽度简称切削宽度，是指在平行于过渡表面而度量的切削层尺寸，如图 2-2 所示（AB 或 CD 的长），单位为 mm。

$$b_D = \frac{a_p}{\sin \kappa_r} \qquad (2-6)$$

3. 切削层横截面积 A_D

切削层横截面积简称切削层横截面积，它是指在切削层尺寸平面里度量的横截面积。

$$A_D = h_D b_D = a_p f \qquad (2-7)$$

分析以式（2-5）~式（2-7）可知：切削厚度与切削宽度随主偏角大小变化。当 $\kappa_r = 90°$ 时，$h_D = f$，$b_D = a_p$，只与切削用量 a_p、f 有关，不受主偏角的影响。但切削层横截面的形状与主偏角、刀尖圆弧半径大小有关，随主偏角的减小，切削厚度将减小，而切削宽度将增大。

二维码 2-3

4. 切削时间 t_m（机动时间）

t_m 是指切削时直接改变工件尺寸、形状等工艺过程所需的时间，单位为 min。它是

反映切削效率高低的一个指标。由如图 2-5 可知，车外圆时 t_m 的计算公式为

$$t_m = \frac{lA}{v_f a_p} \tag{2-8}$$

式中：l——刀具行程长度，单位为 mm；
   A——半径方向加工余量，单位为 mm。

由式（2-1）可以求出转速 n 为

$$n = \frac{1\,000v_c}{\pi d} \tag{2-9}$$

将式（2-9）代入式（2-2）中，可得

$$v_f = \frac{1\,000v_c}{\pi d} \times f \tag{2-10}$$

再将式（2-10）代入式（2-8）中，可得

$$t_m = \frac{lA\pi d}{1\,000 v_c a_p f} \tag{2-11}$$

由式（2-11）可知，提高切削用量中任何一个要素均可降低切削时间。

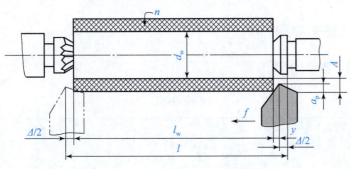

图 2-5 车外圆时切削时间计算图

5. 材料切除率 Q

材料切除率是单位时间内所切除材料的体积，是衡量切削效率高低的另一个指标，单位为 mm^3/min。

$$Q = 1\,000 a_p f v_c \tag{2-12}$$

2.1.1.4.4 切削方式

1. 自由切削与非自由切削

只有一个主切削刃参加的切削称为自由切削，主、副切削刃同时参加的切削称非自由切削。自由切削时切削变形过程比较简单，它是进行切削试验研究常用的方法。而实际切削通常都是非自由切削。

2. 正交切削（直角切削）与非正交切削（斜角切削）

切削刃与切削速度方向垂直的切削称为直角切削；切削刃不垂直切削速度方向的切削称为斜角切削。因此，刃倾角不等于零的刀具均属于斜角切削方式。斜角切削具有刃口锋利、排屑轻快等许多特点。

2.1.1.4.5 合成切削运动与合成速度

在前面已经讲述，切削加工中必然有主运动和进给运动，所谓的合成切削运动是指主运动和进给运动合成的运动。切削刃选定点相对工件合成切削运动的瞬时速度称为合成切削速度 v_e，等于主运动切削速度 v_c 与进给运动速度 v_f 的矢量和，如图 2-6 所示。

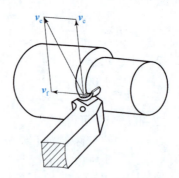

图 2-6　车削时合成切削速度

2.1.1.5 任务实施

2.1.1.5.1 学生分组

学生分组表 2-1

班级		组号		授课教师	
组长		学号			
组员	姓名	学号		姓名	学号

2.1.1.5.2 完成任务工单

任务工作单

组号：_____　姓名：_____　学号：_____　检索号：_21152-1_

引导问题：

（1）认真阅读 2-1 零件图，确定车削 $\phi 63_{-0.05}^{0}$ mm 外圆、切螺纹退刀槽、加工 M48×1.5-6g 螺纹时，切削加工三要素的具体含义。

序号	加工内容	公差	切削三要素含义
1	车削 $\phi 63_{-0.05}^{0}$ mm 外圆		
2	切螺纹退刀槽		
3	加工 M48×1.5-6g 螺纹		

(2) 在已知车削外圆时的背吃刀量、进给量、切削速度、车刀的主偏角 κ_r，且刀具行程长度为 l 的情况下，切削层参数、切削时间与材料切除率如何计算？

_____

_____

任务工作单

组号：_____ 姓名：_____ 学号：_____ 检索号： 21152-2

引导问题：

(1) 根据图 2-1 所示零件图，如果以切削速度 89 m/min 去精车 $\phi 63_{-0.05}^{0}$ mm 外圆，车床主轴的旋转速度应该是多少？如果每转进给量为 0.1 mm/r，则刀架的移动速度是多少？

_____

_____

(2) 认真阅读图 2-1 所示零件图，若夹持右端粗车 $\phi 63_{-0.05}^{0}$ mm 外圆，且 a_p = 1.5 mm，f = 0.5 mm/r，机床转速为 n = 630 r/min，车削长度为 48 mm。在后续"机械加工工艺"课程中，要求学生编写机械加工工艺文件，从而确定工时定额，那么试问车削外圆表面的切削时间（机动时间）为多少？

_____

_____

2.1.1.5.3 合作探究

任务工作单

组号：_____ 姓名：_____ 学号：_____ 检索号： 21153-1

引导问题：

(1) 小组讨论，教师参与，确定任务工作单 21152-1 和 21152-2 的最优答案，并检讨自己存在的不足。

_____

_____

(2) 每组推荐一个小组长，进行汇报。根据汇报情况，再次检讨自己的不足。

_____

2.1.1.6 评价反馈

任务工作单

组号：_____ 姓名：_____ 学号：_____ 检索号：2116-1

自我评价表

班级		组名		日期	年　月　日
评价指标	评价内容			分数/分	分数评定
信息收集能力	能有效利用网络、图书资源查找有用的相关信息等；能将查到的信息有效地传递到学习中			10	
感知课堂生活	是否能在学习中获得满足感、课堂生活的认同感			10	
参与态度，沟通能力	能积极主动与教师、同学交流，相互尊重、理解、平等；与教师、同学之间是否能够保持多向、丰富、适宜的信息交流			10	
	能处理好合作学习和独立思考的关系，做到有效学习；能提出有意义的问题或能发表个人见解			10	
知识、能力获得	(1) 明白了针对图2-1给定加工任务的切削加工三要素的具体含义			10	
	(2) 能计算出给定加工条件下的材料切除率			10	
	(3) 能根据切削用量三要素确定机床调整参数			10	
	(4) 明白金属切除率与低碳节能环保的关系			10	
辩证思维能力	是否能发现问题、提出问题、分析问题、解决问题、创新问题			10	
自我反思	按时保质地完成任务；较好地掌握知识点；具有较为全面、严谨的思维能力，并能条理清楚、明晰地表达成文			10	
	自评分数				
总结提炼					

二维码2-5

任务工作单

被评价人信息：组号：_____ 姓名：_____ 学号：_____ 检索号：2116-2

小组内互评验收表

验收人组长		组名		日期	年　月　日
组内验收成员					
任务要求	确定加工任务切削加工三要素的具体含义描述；能计算出给定加工条件下的材料切除率；能根据切削用量三要素确定机床调整参数；明白金属切除率与低碳节能环保的关系；任务完成过程中，至少包含5份文献检索目录清单				

续表

验收人组长		组名	日期	年 月 日
文档验收清单	被评价人完成的 21152 – 1 任务工作单			
	被评价人完成的 21152 – 2 任务工作单			
	文献检索目录清单			
验收评分	评分标准		分数/分	得分
	能正确表述切削用量三要素的含义，缺一处扣 5 分		20	
	能正确计算金属材料切除率，错误不得分		20	
	能根据切削用量三要素确定机床调整参数，错一处扣 5 分		20	
	描述金属切除率与低碳节能环保的关系，酌情扣分		20	
	文献检索目录清单，至少 5 份，少一份扣 4 分		20	
	评价分数			
总体效果定性评价				

任务工作单

被评组号：_____   检索号： 2116 – 3

小组间互评表（听取各小组长汇报，同学打分）

班级		评价小组	日期	年 月 日
评价指标	评价内容		分数/分	分数评定
汇报表述	表述准确		15	
	语言流畅		10	
	准确反映该组完成任务情况		15	
内容正确度	所表述的内容正确		30	
	阐述表达到位		30	
	互评分数			

二维码 2 – 7

任务工作单

组号：_____ 姓名：_____ 学号：_____ 检索号：2116－4

任务完成情况评价表

任务名称		切削加工要素认知		总得分		
评价依据		学生完成任务后的任务工作单				
序号	任务内容及要求		配分/分	评分标准	教师评价	
					结论	得分
1	加工 M48×1.5－6g 螺纹	确定进给量 f	10	缺一个要点扣1分		
		写出切削速度的计算公式	10	错误不得分		
2	车削 $\phi 63_{-0.05}^{0}$ mm 外圆的切削三要素的含义	走刀量的定义	5	错误不得分		
		被吃刀深度的定义	5	错误不得分		
		切削速度的定义	5	错误不得分		
3	车削长度为 l 的 $\phi 63_{-0.05}^{0}$ mm 外圆	已知切削用量三要素，计算金属切除率	10	错误不得分		
		已知切削用量三要素和车刀几何角度，计算切削层厚度、切削层宽度、切削层面积	15	错一项扣5分		
4	车削长度为 l 的 $\phi 63_{-0.05}^{0}$ mm 外圆	已知切削用量三要素和工件的直径，确定机床的转速	5	错误不得分		
		已知切削用量三要素和机床转速，计算刀架移动速度	10	错误不得分		
		计算工时定额	5	错误不得分		
5	至少包含5份文献检索目录清单	（1）数量	5	每少一个扣2分		
		（2）参考的主要内容要点	5	酌情赋分		
6	素质素养评价	（1）沟通交流能力	10	酌情赋分，但违反课堂纪律，不听从组长、教师安排，不得分		
		（2）团队合作				
		（3）课堂纪律				
		（4）合作探学				
		（5）自主研学				

任务二 刀具几何参数定义了解

2.1.2.1 任务描述

要完成如图 2-1 所示零件加工,分析所采用的刀具应具备的切削能力,分析组成刀具的基本要素,描述刀具切削部分的几何形状,分析在假设条件下刀具切削部分的几何参数。如果刀具以 0.2 mm/r 的进给量车削外圆,计算刀具工角度;如果在实际加工之前由于刀具的安装误差,使刀尖低于工件中心线 1.5 mm,计算刀具的工作角度。

2.1.2.2 学习目标

1. 知识目标

(1) 掌握刀具几何参数的基本定义;
(2) 掌握刀具几何参数正确表达的相关知识;
(3) 掌握计算刀具工作角度的相关知识。

2. 能力目标

(1) 能正确图示刀具的几何参数;
(2) 能计算刀具的工作角度。

3. 素养素质目标

(1) 培养多角度、全方位分析问题的意识;
(2) 培养正确的审美观。

2.1.2.3 重难点

1. 重点

刀具的结构及几何参数的定义。

2. 难点

刀具几何参数的正确表达和工作角度的计算。

2.1.2.4 相关知识链接

2.1.2.4.1 刀具切削部分的组成

如图 2-7 所示,车刀由切削部分(刀头)和夹持部分(刀柄)两大部分组成。刀头用于切削,刀柄用于装夹。刀具切削部分由刀具、切削刃构成。刀面用字母 A 与下角标组成的符号来标记,切削刃用字母 S 标记,副切削刃及其相关的刀面在标记时用右上角加一撇以示区别。

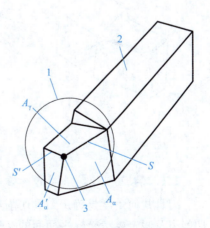

图 2-7 车刀切削部分的构成
1—刀头;2—刀柄;3—刀尖

1. 刀面

一般车刀的切削部分由三刀面组成。

(1) 前刀面：刀具上切屑流过的表面，用 A_γ 表示。

(2) 主后刀面：与工件上过渡表面相对的表面，简称后刀面，用 A_α 表示。

(3) 副后刀面：与工件上已加工表面相对的表面，简称副后面，用 A'_α 表示。

2. 切削刃

(1) 主切削刃：前刀面与后刀面的汇交边缘线，承担主要切削工作，用 S 表示。

(2) 副切削刃：前刀面与副后刀面的汇交边缘线，其靠近刀尖处起微量切削作用，具有修光性质，用 S' 表示。

3. 刀尖

主切削刃和副切削刃汇交的一小段切削刃称为刀尖，通常以圆弧或短直线出现，以提高刀具的耐用度。

由于切削刃不可能刃磨得很锋利，总有一些刃口圆弧，如刀楔的放大部分 [见图 2-8 (a)]。刃口的锋利程度用在主切削刃上法剖面 $p_n - p_n$ 中钝圆半径 r_n 来表示。一般工具钢刀具 r_n 为 0.01~0.02 mm，硬质合金刀具 r_n 为 0.02~0.04 mm。

为了提高刃口强度，以满足不同加工要求，在前、后刀面上均可磨出倒棱面 $A_{\gamma1}$、$A_{\alpha1}$，如图 2-8 (a) 所示。$b_{\gamma1}$ 是前刀面 $A_{\gamma1}$ 的倒棱宽度，$b_{\alpha1}$ 是后刀面 $A_{\alpha1}$ 的倒棱宽度。

为了改善刀尖的切削性能，常将刀尖做成修圆刀尖或倒角刀尖，如图 2-8 (b) 所示，其参数有：刀尖圆弧半径 r_ε (它是在基面上测量的刀尖倒圆的公称半径)、倒刀尖长度 b_ε、刀尖倒角偏角 κ_{r1}。

不同类型的刀具，其刀面、切削刃数量不同，但组成刀具的最基本单元是两个刀面汇交形成的一个切削刃，简称两面一刃。任何复杂的刀具都可将其分为一个基本单元进行分析。

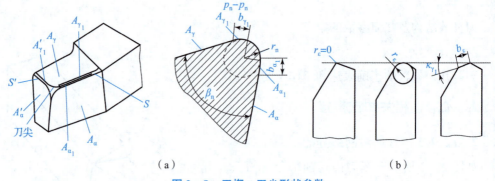

图 2-8 刀楔、刀尖形状参数

2.1.2.4.2 刀具角度的参考系

刀具几何角度是确定刀具切削部分几何形状和切削性能的重要参数，它是由刀面切削刃及假定参考坐标平面间的夹角所构成的。

用来确定刀具几何角度的参考系有两类：一类称为刀具静止参考系，是刀具在十时标注、刃磨和测量时的基准,用此定义的刀具角度称为刀具标注角度(也称为静止角度);另一类称为刀具工作参考系,是确定刀具切削工作时角度的基准,用此定义的刀具角度称为刀具工作角度。

建立刀具标注角度参考系时不考虑进给运动的影响,且假定车刀刀尖与工件中心等高,车刀刀杆中心线垂直于工件轴线安装。

确定刀具标注角度的参考系有正交平面参考系、法平面参考系、假定工作平面与背平面参考系等,如图2-9所示。其中最常用的是用正交平面参考系表示刀具标注角度。下面以普通外圆车刀为例说明刀具标注角度参考系及刀具标注角度的定义。

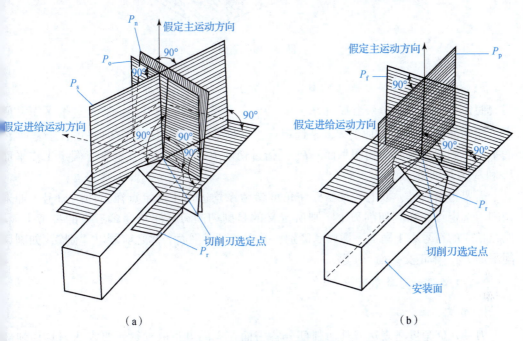

图2-9 刀具标注角度参考系
(a) 正交平面参考系与法平面参考系;(b) 假定工作平面与背平面参考系

1. 正交平面参考系(见图2-9(a))

(1) 基面(P_r)。过切削刃选定点平行或垂直于刀具上安装面(轴线)的平面,车刀的基面可理解为平行于刀具底面的平面,如图2-10所示。基面垂直于切削速度v_c方向,用P_r表示。

(2) 切削平面(P_s)。过切削刃选定点与切削刃相切并垂直于基面的平面,用P_s表示。

(3) 正交平面(P_o)。过切削刃选定点同时垂直于切削平面与基面的平面,又称主剖面,用P_o表示。

2. 法平面参考系(见图2-9(a))

法平面参考系由基面P_r、切削平面P_s和法平面P_n组成(非正交参考系)。法平面P_n是指过切削刃上某选定点与切削刃垂直的平面。

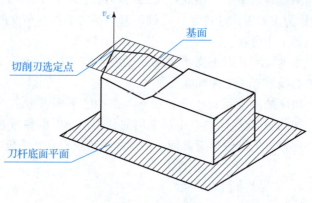

图 2-10 基面

3. 假定工作平面参考系（见图 2-9 (b)）

假定工作平面参考系由基面 P_r、P_f、P_p 三个平面组成。其中，假定进给平面（假定工作平面）P_f 是指过切削刃上某选定点，平行于假定进给运动方向并垂直于基面 P_r 的平面。假定背平面（切深平面）P_p 是指过切削刃上某选定点，垂直于假定工作平面 P_f 和基面 P_r 的平面。

需要指出的是，以上刀具各标注角度参考系均适用于选定点在主切削刃上，如果切削刃选定点选在副切削刃上，则所定义的是副切削刃标注角度参考系的参考平面应在相应的符号右上角加一撇以示区别，并在各参考平面名称之前冠以"副"，如副切削平面 P'_s、副正交平面 P'_o 等。

2.1.2.4.3 刀具角度

1. 角度定义

刀具几何角度是表达刀具切削部分各表面在空间方位的参数。要表达刀具切削部分各表面在空间的方位，按照立体几何知识，一把普通的外圆车刀有三个刀面，它就需要六个角度来确定其空间的位置，即必须依托于前面所阐述的坐标系。刀具角度定义如表 2-1 所示。

表 2-1 刀具角度定义

名称	定义
前角（γ_o）	在正交平面内测量的前刀面与基面间的夹角（见图 2-11）
后角（α_o）	在正交平面内测量的后刀面与切削平面间的夹角（见图 2-11）
主偏角（κ_r）	在基面中测量的主切削刃在基面的投影与进给方向的夹角（见图 2-11）
副偏角（κ'_r）	在基面中测量的副切削刃在基面的投影与进给运动的反方向之间的夹角（见图 2-11）
刃倾角（λ_s）	在切削平面中测量的主切削刃与基面间的夹角（见图 2-11）
副后角（α'_o）	在副正交平面（副剖面）中测量的副后刀面与副切削平面之间的夹角（见图 2-11）

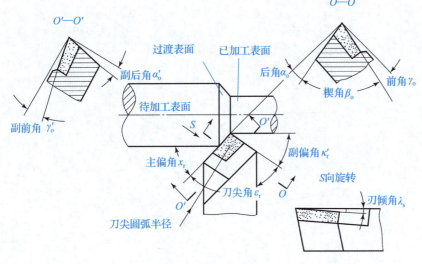

图 2-11 车刀角度

对于一般车刀而言，上述刀具的角度即可确定其三个刀面在空间的位置，其中前角和刃倾角确定了前刀面的方位，主偏角和后角确定了后刀面的方位，副偏角和副后角确定了副后刀面的方位，而主偏角和刃倾角确定了主切削刃的方位，副偏角和前角确定了副切削刃的方位。以上我们称为刀具的基本角度，也称为静止角度、设计角度和标准角度。

此外，为了比较切削刃、刀尖的强度，刀具上还定义了其他角度，它们属于派生角度。

（1）楔角 β_o。在正交平面内测量的前刀面和后刀面间之间的夹角。

$$\beta_o = 90° - (\gamma_o + \alpha_o) \quad (2-13)$$

（2）刀尖角 ε_r（见图 2-12）。在基面投影中，主切削刃和副切削刃之间的夹角。

$$\varepsilon_r = 180° - (\kappa_r + \kappa_r') \quad (2-14)$$

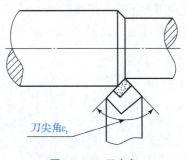

图 2-12 刀尖角

2. 刀具角度正负的规定

刀具角度正负的规定，如图 2-13 所示。

（1）前角正、负值规定：在正交平面中，当前刀面与切削平面的夹角小于 90°时为正；大于 90°时为负；前刀面与基面平行时为 0°。

（2）后角正、负值规定：在正交平面中，当后刀面与基面的夹角小于 90°时为正；大于 90°时为负；当后刀面与切削平面平行时，后角为 0°。实际使用中，后角不能小于 0°。

（3）刃倾角正、负值规定：当切削刃与基面（车刀底平面）平行时，刃倾角为 0°；当刀尖相对车刀底平面处于最高点时，刃倾角为正（前角为正）；当刀尖相对车刀底平面处于最低点时，刃倾角为负（前角为负）。

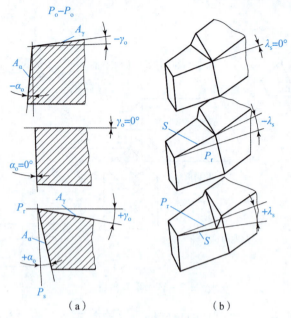

图 2-13 刀具角度正负的规定

3. 车刀切削部分几何形状的图示方法

绘制刀具的方法有两种：第一种是投影作图法，它严格按投影关系来绘制几何形状，是认识和分析刀具切削部分几何形状的重要方法，但是该方法绘制烦琐，一般比较少用；第二种是简单画法，该方法绘制时，视图间大致符合投影关系，但角度与尺寸必须按比例绘制，如图 2-14 所示，这是一种常用的刀具绘制方法。

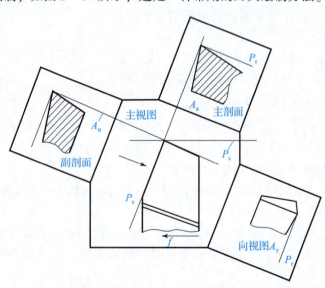

图 2-14 车刀几何角度图示方法

（1）主视图：通常采用刀具在基面（P_r）中的投影作为主视图，同时必须标注进给运动方向，以确定或判断主切削刃和副切削刃，如图 2-14 所示。

（2）向视图：通常取刀具在切削平面（P_s）中的投影作为向视图，此处要注意放置位置。

（3）剖面图：包括正交平面（P_o）和副正交平面（P_o'）。

4. 常见车刀几何角度的绘制

1）90°外圆车刀的绘制

（1）结构分析。所谓90°外圆车刀是指该车刀主偏角为90°，主要用于纵向进给车削外圆，尤其适用于刚性较差的细长轴类零件的车削加工。该车刀共有3个刀面，即前刀面、后刀面、副后刀面；所需标注独立角度有6个，即前刀面控制角为前角、刃倾角，后刀面控制角为后角、主偏角，副后刀面控制角为副后角、副偏角。

（2）绘制方法。绘制方法与步骤如下。

①先画出刀具在基面中的投影，取主偏角为90°，并标注进给运动方向，以明确表明后刀面与副后刀面、主切削刃与副切削刃的位置，标注主偏角90°和副偏角角度。

②再画出切削平面（向视图）中主切削刃的投影，注意放置位置，标注出刃倾角。

二维码2-9

③最后画出正交平面内的前、后角及副正交平面内的副后角。

④标注相应角度数值（此处用符号表示），如图2-15所示。

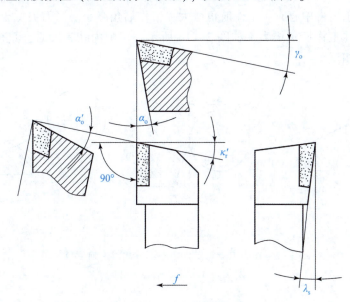

图2-15　90°外圆车刀的绘制

2.1.2.4.4　刀具的工作角度

1. 刀具工作参考系和工作角度

刀具在工作时的实际角度称为刀具的工作角度。刀具在工作时可能会打破建立静止坐标系时的三个假定条件，从而导致刀具工作角度的变化。所以研究切削过程中的刀具角度，必须以刀具与工件之间的相对位置、相对运动为基础建立参考系，这种参考系叫工作参考系。刀具工作角度是用工作参考系定义的刀具角度。

在工作参考系中，假定参考平面的定义类似于静止参考系，只不过工作基面、工作切削平面等的方位发生了变化，进而造成工作角度与标注角度的不同。刀具工作角度的定义与标注角度类似，它也是刀面、刀刃与工作参考系平面之间的夹角。刀具工作角度的符号是在标注角度的基础上再加一个下角标字母 e。

(1) 工作基面（P_{re}）：通过切削刃上的选定点垂直于合成切削速度方向的平面。

(2) 工作切削平面（P_{se}）：通过切削刃上的选定点与切削刃相切，且垂直于工作基面的平面。

(3) 工作正交平面（P_{oe}）：通过切削刃上的选定点，同时垂直于工作基面和工作切削平面的平面。

刀具工作角度的标注分别是 γ_{oe}、α_{oe}、κ_{re}、λ_{se}、κ'_{re}、α'_{oe}、γ_{fe}、γ_{pe}、α_{fe}、α_{pe} 等。

2. 刀具工作角度的影响因素

1) 刀具安装误差对工作角度的影响及计算

在实际加工中，由于刀具安装误差的存在，即假定安装条件不满足，必将引起刀具角度的变化。其中，刀尖在高度方向的安装误差将主要引起前角、后角的变化；刀杆中心在水平面内的偏斜将主要引起主偏角、副偏角的变化。下面将详细说明。

车削外圆表面，当刀尖与工件中心线等高时，切削平面与车刀底面垂直，基面与车刀底面平行。否则，将引起基面方位的变化，即工作基面（P_{re}）不平行于车刀底面。当刀尖高于工件中心时，工作前角增大，工作后角减小。当刀尖低于工件中心时，工作前角减小，工作后角增大，如图 2-16 所示。车削内孔表面时，其车削情况与车削外圆表面时相反。

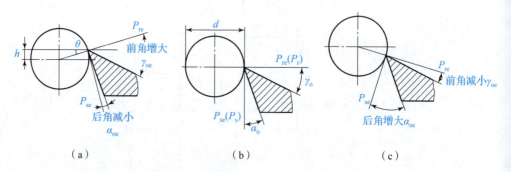

图 2-16 刀尖与工件中心不等高时的前后角
(a) 装高；(b) 正确；(c) 装低

假设工件直径为 d，安装时高度误差为 h，安装误差引起的前、后角变化值为 θ，则在直角三角形中用正弦定理可得

$$\sin\theta = \frac{2h}{d} \tag{2-15}$$

$$\gamma_{oe} = \gamma_o \pm \theta \tag{2-16}$$

$$\alpha_{oe} = \alpha_o \mp \theta \tag{2-17}$$

式（2-16）和式（2-17）分别是切断刀装高或装低时，切断刀工作前角和工作后角的计算公式。

车刀中心线与进给方向不垂直时:刀具装偏,即刀具中心线不垂直于工件中心线,将造成主偏角和副偏角的变化。车刀中心向右偏斜,工作主偏角增大,工作副偏角减小,如图2-17所示;车刀中心向左偏斜,工作主偏角减小,工作副偏角增大。

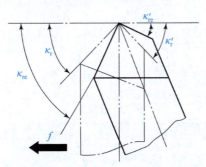

图2-17 刀具装偏对主、副偏角的影响

车刀刀柄装偏,改变了主偏角和副偏角的大小。对于一般车削来说,少许装偏影响不是很大。但对切断加工来说,因切断刀安装不正,切断过程中就会产生轴向分力,使刀头偏向一侧,轻者会使切断面出现凹形或凸形,重者会使切断刀折断,故必须引起充分的重视。

2)进给运动对工作角度的影响及计算

一般车削进给时:由于进给运动时车刀刀刃所形成的加工表面为阿基米德螺旋面,而切削刃上的选定点相对于工件的运动轨迹为阿基米德螺旋线,使切削平面和基面发生了倾斜,造成工作前角增大、工作后角减小,如图2-18所示,其角度变化值称为合成切削速度角,用符号η表示。

知识拓展链接 2-10

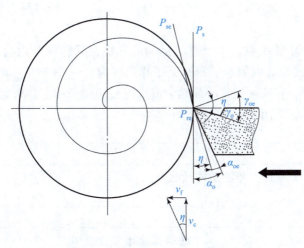

图2-18 进给运动对工作角度的影响

若工件直径为d,进给量为f,则

$$\tan\eta = \frac{f}{\pi d} \tag{2-18}$$

$$\gamma_{oe} = \gamma_o + \eta \tag{2-19}$$

$$\alpha_{oe} = \alpha_o - \eta \qquad (2-20)$$

由于进给时 d 不断变小（η 为一变量），所以工作后角急剧下降，在未到工件中心处时，工作后角已变为负值，此时刀具不是在切削工件，而是在推挤工件。

知识拓展链接 2-11

2.1.2.5 任务实施

2.1.2.5.1 学生分组

学生分组表 2-2

班级		组号		授课教师	
组长		学号			
组员	姓名	学号		姓名	学号

2.1.2.5.2 完成任务工单

任务工作单

组号：_____ 姓名：_____ 学号：_____ 检索号：21252-1

引导问题：

（1）在车削方牙螺纹时，由于进给运动的影响，其螺旋升角为 $\psi = 3.3°$，其左右后刀面的标注角度都选取为 $6°$，那么其工作角度为：$\gamma_{oeL} = 3.3°$、$\alpha_{oeL} = 2.7°$、$\gamma_{oeR} = -3.3°$、$\alpha_{oeR} = 9.3°$，在实际生产中显然会造成左右切削刃的工作性能不一样，那么在实际生产中如何解决这个问题？

_____

（2）使用螺纹车刀时，要注意些什么？

_____

任务工作单

组号：_____ 姓名：_____ 学号：_____ 检索号：21252-2

引导问题：

（1）作图表示出车削方牙梯形螺纹车刀的几何角度。

_____

(2) 在工厂中,若采用切断刀切断工件或切槽,由于进给运动的影响或刀具安装时不等高,也会造成工作角度的变化。有这样一个案例,采用90°切断刀切断工件,当刀具进给到靠近工件中心时,刀具突然崩刃或切完后在端面上留下一定直径的凸台,请问这是为什么呢?如何解决?

_____
_____
_____

任务工作单

组号:_____ 姓名:_____ 学号:_____ 检索号: 21252 – 3

引导问题:

(1) 若在切断工件或切端面时,刀具安装时刀尖与工件中心不等高,根据前面所学知识,除了进给运动的影响外,还存在着因为工件的安装而引起工作角度变化的问题。问当刀尖不与工件中心等高时,工作角度如何变化?会造成什么后果?在实际工作中,如何有效利用这种变化来改善切削加工?

_____
_____
_____

(2) 通过本任务的学习,你认为你在哪些方面的素质素养有待提高?

_____
_____
_____

2.1.2.5.3 优化决策

任务工作单

组号:_____ 姓名:_____ 学号:_____ 检索号: 21253 – 1

引导问题:

(1) 小组讨论,教师参与,确定任务工作单 21252 – 1 ~ 21252 – 3 的最优答案,并检讨自己存在的不足。

_____
_____
_____

(2) 每组推荐1名小组长,进行小组汇报,并再次检查自己存在的不足。

_____
_____
_____

2.1.2.6 评价反馈

任务工作单

组号：_____　　姓名：_____　　学号：_____　　检索号：2126-1

自我评价表

班级		组名		日期	年　月　日
评价指标	评价内容			分数/分	分数评定
信息收集能力	能有效利用网络、图书资源查找有用的相关信息等；能将查到的信息有效地传递到学习中			5	
感知课堂生活	是否能在学习中获得满足感、课堂生活的认同感			5	
参与态度，沟通能力	能积极主动与教师、同学交流，相互尊重、理解、平等；与教师、同学之间是否能够保持多向、丰富、适宜的信息交流			10	
	能处理好合作学习和独立思考的关系，做到有效学习；能提出有意义的问题或能发表个人见解			10	
知识、能力获得	(1) 能明白刀具几何角度的定义			10	
	(2) 能计算不同加工条件下的工作角度			10	
	(3) 能有效地利用工作角度的性质解决实际问题			10	
	(4) 能明白螺纹车刀后角设计的要求			10	
	(5) 能正确用图表示螺纹车刀的几何角度			10	
	(6) 车端面或者切断工件时，能有效利用其后角的变化规律来改善切削加工条件			10	
辩证思维能力	是否能发现问题、提出问题、分析问题、解决问题、创新问题			5	
自我反思	按时保质地完成任务；较好地掌握知识点；具有较为全面、严谨的思维能力，并能条理清楚、明晰地表达成文			5	
	自评分数				
总结提炼					

二维码 2-12

任务工作单

被评价人信息：组号：_____ 姓名：_____ 学号：_____ 检索号：2126-2

小组内互评验收表

验收人组长		组名		日期	年　月　日
组内验收成员					
任务要求	能明白刀具几何角度的定义；能计算不同加工条件下的工作角度；能有效地利用工作角度的性质解决实际问题；能明白螺纹车刀后角设计的要求；能正确用图表示螺纹车刀的几何角度；车端面或者切断工件时，能有效利用其后角的变化规律来改善切削加工条件；任务完成过程中，至少包含5份文献检索目录清单				
文档验收清单	被评价人完成的21252-1任务工作单				
	被评价人完成的21252-2任务工作单				
	被评价人完成的21252-3任务工作单				
	文献检索目录清单				
	评分标准			分数/分	得分
验收评分	能明白刀具几何角度的定义，缺一处扣5分			15	
	能计算不同加工条件下的工作角度，错误不得分			15	
	能有效地利用工作角度的性质解决实际问题，酌情赋分			15	
	能明白螺纹车刀后角设计的要求，分析错误不得分，酌情赋分			15	
	能正确用图表示螺纹车刀的几何角度，错一处扣2分			15	
	车端面或者切断工件时，能有效利用其后角的变化规律来改善切削加工条件，分析错误不得分，酌情赋分			15	
	文献检索目录清单，至少5份，少一份扣2分			10	
	评价分数				
总体效果定性评价					

二维码 2-13

任务工作单

被评组号：_____ 检索号： 2126-3

小组间互评表（听取各小组长汇报，同学打分）

班级		评价小组		日期	年 月 日
评价指标	评价内容			分数/分	分数评定
汇报表述	表述准确			15	
	语言流畅			10	
	准确反映该组完成任务情况			15	
内容正确度	所表述的内容正确			30	
	阐述表达到位			30	
	互评分数				

任务工作单

组号：_____ 姓名：_____ 学号：_____ 检索号： 2126-4

任务完成情况评价表

任务名称	刀具几何参数定义了解			总得分	
评价依据	学生完成任务后的任务工作单				
序号	任务内容及要求		配分/分	评分标准	教师评价
					结论　得分
1	刀具几何角度的定义	（1）基本角度	10	错误一处扣2分	
		（2）工作角度	10	错误一处扣2分	
2	计算不同加工条件下的工作角度	计算工作后角	10	错误不得分	
		计算工作前角	10	错误不得分	
		计算工作主偏角	10	错误不得分	
3	有效地利用工作角度的性质解决实际问题	切断工件时，如何解决	10	酌情赋分	
		车削螺纹时，要解决的问题	10	酌情赋分	
		刀具安装偏差	5	酌情赋分	
4	图示螺纹车刀的几何角度	几何角度图示	5	错误一个扣2分	

续表

任务名称		刀具几何参数定义了解		总得分	
评价依据		学生完成任务后的任务工作单			
序号	任务内容及要求		配分/分	评分标准	教师评价
					结论	得分
5	至少包含5份文献检索目录清单	（1）数量	5	每少一个扣2分		
		（2）参考的主要内容要点	5	酌情赋分		
6	素质素养评价	（1）沟通交流能力	10	酌情赋分，但违反课堂纪律，不听从组长、教师安排，不得分		
		（2）团队合作				
		（3）课堂纪律				
		（4）合作探学				
		（5）自主研学				

二维码 2-15

项目二　金属切削加工变形分析

任务一　切削变形认知

2.2.1.1　任务描述

车削如图 2-1 所示 $\phi63_{-0.05}^{0}$ mm 短轴外圆时，在 CKS6116 车床（功率为 7.5 kW）上加工，某工人在以切削速度 15 m/min、进给量 0.2 mm/r 加工直径为 $\phi60$ mm 的某中碳钢工件后，发现在刀具前刀面上主切削刃附近"长出"了一个硬度很高的楔块，如图 2-19 所示，并且工件已加工表面也变得比较粗糙。解释这一现象产生的原因，并提出解决措施。

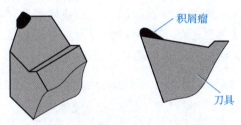

图 2-19　刀具切削刃上"长出"硬楔块

2.2.1.2　学习目标

1. 知识目标

(1) 掌握金属切削变形的概念；
(2) 掌握影响切削变形的影响因素。

2. 能力目标

(1) 能采取有效措施控制切削变形；
(2) 能解决切削变形对切削加工质量的影响问题。

3. 素养素质目标

(1) 培养多角度、辩证分析问题的意识；
(2) 培养质量意识。

2.2.1.3　重难点

1. 重点

影响切削变形的因素。

2. 难点

切削变形的有效控制。

2.2.1.4 相关知识链接

2.2.1.4.1 切屑的形成与变形原理

有人认为金属的切削过程就像用斧子劈木头一样，由于刀刃楔入的作用使切屑离开工件，这种看法是不对的。如果我们仔细观察一下，就会发现两者的过程及结果截然不同。在用斧子劈木头时，通常木头总是按照劈的方向顺着纹理裂成两半，在长度与厚度方向上基本不产生变形，劈开的两片木头仍能合成一块。而金属材料的切削过程却不一样，例如在刨床上切削钢类工件，只要将刨下来的切屑量一量，就会发现它的长度减短、厚度增厚；同时切屑呈卷曲状，一面光滑，另一面则毛松地裂开，这说明金属在切削过程中实际上并不是真正简单地切下来的，而是在刀刃的切割和前刀面的推挤作用下，经过一系列复杂的变形过程，使被切削层成为切屑而离开工件的。

实际上金属在加工过程中会发生剪切和滑移，图2-20表示了金属的滑移线和流动轨迹，其中横向线是金属流动轨迹线，纵向线是金属的剪切滑移线。金属切削过程中的切削变形区根据其变形机理的不同可以划分为三个变形区。图2-21所示为切屑根部金相照片，图2-22所示为滑移与晶粒拉长图。

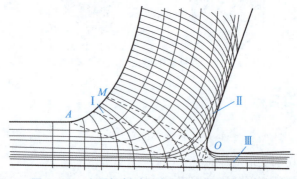

图2-20 金属切削过程中滑移线和流线示意图

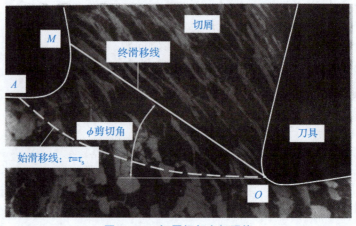

图2-21 切屑根部金相照片

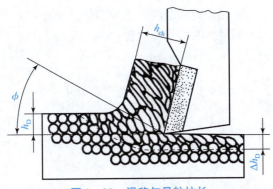

图 2-22 滑移与晶粒拉长

1. 切削时的三个变形区

在切削过程中，金属的变形大致发生在三个区域内，如图 2-23 所示。

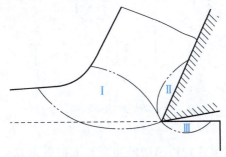

图 2-23 切削的三个变形区

（1）第Ⅰ变形区。靠近切削刃处，首先被切削金属层在刀具的作用下产生弹性变形，进而产生塑性变形的区域，称为第Ⅰ变形区，如图 2-23 所示。在该区域内，塑生材料在刀具作用下产生剪切滑移变形（塑性变形），使切削层转变为切屑。由于加工材料性质和加工条件的不同，滑移变形程度有很大的差异，这将产生不同种类的切屑。在第Ⅰ变形区，切削层的变形最大，它对切削力和切削热的影响也最大。

（2）第Ⅱ变形区。与前刀面接触的切屑底层内产生变形的一薄层金属区域，称为第Ⅱ变形区，如图 2-23 所示。切屑形成后，在前刀面的推挤和摩擦力的作用下，必将发生进一步的变形，这就是第Ⅱ变形区的变形。这种变形主要集中在和前刀面摩擦的切屑底层，它是切屑与前刀面的摩擦区，它对切削力、切削热和积屑瘤的形成与消失及刀具的磨损有着直接的影响。

（3）第Ⅲ变形区。靠近切削刃处，已加工面表层内产生变形的一薄层金属区域，称为第Ⅲ变形区，如图 2-23 所示。在第Ⅲ变形区内，由于受到刀刃钝圆半径、刀具后刀面对加工表面以及副后刀面对已加工表面的推挤和摩擦作用，这两个表面均产生了变形。第Ⅲ变形区主要影响刀具后刀面和副后刀面的磨损，导致已加工表面的纤维化、加工硬化和残余应力，从而影响工件已加工表面的质量。

2. 切屑的形成和种类

切削塑性金属材料（如钢等）时，被切削金属层一般经过弹性变形、塑性变形（滑移）、挤裂和切离四个阶段形成切屑；切削脆性材料（如铸铁等）时，被切削金属层一般经过弹性变形、挤裂和切离三个阶段形成切屑。图 2-24、图 2-25 所示分别表示在刨床上加工这两种不同材料时的切削过程。

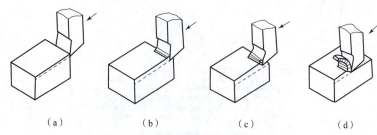

图 2-24 切削塑性材料的四个阶段

(a) 弹性变形；(b) 塑性变形（滑移）；(c) 挤裂；(d) 切离

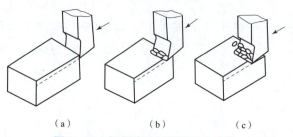

图 2-25 切削脆性材料的三个阶段

(a) 弹性变形；(b) 挤裂；(c) 切离

在切削过程中，由于工件材料的塑性和塑性变形（滑移）的程度不同，将会产生不同形状的切屑。图 2-26 所示为不同的切屑类型。

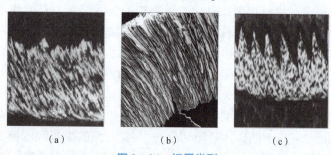

图 2-26 切屑类型

(a) 带状切屑；(b) 挤裂（节状）切屑；(c) 粒状切屑

在加工脆性材料时，会产生崩碎切屑。图 2-27 所示为不同屑形的照片，表 2-2 说明了不同切屑的类型及形成条件。

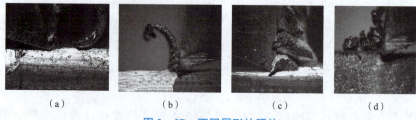

图 2-27 不同屑形的照片

(a) 带状切屑；(b) 挤裂切屑；(c) 粒状切屑；(d) 崩碎切屑

表2-2 不同切屑类型及形成条件

二维码2-16

切屑形态	特点
 带状切屑	这种切屑连绵不断,底面光滑,另一面呈毛茸状,无明显裂纹。一般加工塑性材料(如软钢、铜、铝等),在切削厚度较小、切削速度较高、刀具前角较大时,常形成这种切屑
 节状切屑	节状切屑又称挤裂切屑。这种切屑的底面光滑,有时出现裂纹,而外表面呈明显的锯齿状。节状切屑大多是在加工塑性较低的金属材料(如黄铜)且切削速度较低、切削厚度较大、刀具前角较小时产生;特别是当工艺系统刚性不足、加工碳素钢材料时,也容易产生这种切屑。产生节状切屑时,切削过程不太稳定,切削力波动较大,已加工表面质量较低
 单元切屑	单元切屑又称粒状切屑。当采用小前角或负前角,以较低的切削速度和大的切削厚度切削塑性金属时,会产生这种切屑。产生单元切屑时,切削过程不平稳,切削力波动较大,已加工表面质量较差
 崩碎切屑	当切削脆性金属(铸铁、铸造黄铜等)时,由于材料的塑性很小,抗拉强度很低,在切削时切削层内靠近切削刃和前刀面的局部金属未经明显的塑性变形就被挤裂,形成不规则形状的碎粒或碎片切屑。工件材料越脆硬、刀具前角越小、切削厚度越大,越容易产生崩碎切屑。产生崩碎切屑时,切削力波动大,加工质量较差,表面凸凹不平,刀具容易损坏

此外,切屑的形状还与刀具切削角度及切削用量有关,当切削条件改变时,切屑形状会随之做相应地改变,例如在车削钢类工件时,如果逐渐增加车刀的锋利程度(如加大前角等措施)、提高切削速度、减小走刀量,切屑将会由粒状逐渐变为节状,甚至变为带状。同样,采用大前角车刀车削铸铁工件时,如果切削深度较大、切削速度较高,也可以使切屑由通常的崩碎状转化为节状,但这种切屑用手一捏即碎。在上述几种切屑中,带状切屑的变形程度较小,而且切削时的振动较小,有利于保证加工精度与表面粗糙度,所以这种切屑是我们在加工时所希望得到的,但应着重注意它的断屑问题。

拓展知识链接 2-17

2.2.1.4.2 积屑瘤

一般情况下在用中等切削速度切削一般钢料或其他塑性金属材料时，常在前刀面接近刀刃处黏接一块硬度很高（为工件材料硬度的 2~3.5 倍）的楔形金属块，这种楔形金属块称为积屑瘤，如图 2-19 所示。

1. 积屑瘤的成因

积屑瘤是主要发生在第二变形区的物理现象。积屑瘤的成因一般认为是切屑在前刀面上黏接（冷焊）造成的。在切削过程中，由于切屑底面与前刀面间产生的挤压和剧烈摩擦，切屑底层的金属流动速度低于上层流动速度，形成"滞流层"，在"滞流层"内近切削刃处的温度和压力很低，切屑底层塑性变形小，摩擦因数小，黏接不容易产生，不易形成积屑瘤；在高温时，切屑底层材料被软化，剪切屈服强度 $\sigma_{0.2}$ 下降，使摩擦因数减小，积屑瘤也不容易产生；当压力和温度达到一定时，切屑底层材料中剪应力超过材料的剪切屈服强度，使"滞流层"中的流速为零的切屑层被剪切断裂黏接在前刀面上，黏接金属层经剧烈塑性变形后硬度提高，它可替代切削刃继续剪切较软的金属层，依次层层堆积，高度逐渐增大而形成积屑瘤。积屑瘤形成后不断增大，达到一定高度后受外力或振动作用而局部破裂脱落，被切屑或已加工表面带走，故极不稳定。积屑瘤的形成、增大、脱落的过程在切削过程中周期性地不断出现。

2. 积屑瘤对切削加工的影响

如图 2-28 所示，当刀具前刀面上出现了积屑瘤后，会使实际工作前角增大、切削厚度增大。

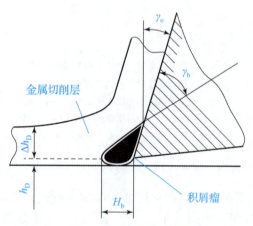

图 2-28　刀具前刀面上的积屑瘤

（1）增大前角：积屑瘤粘附在前刀面上，增大了刀具的实际前角。当积屑瘤最高时，刀具有 30°左右的前角，因而可减少切削变形，降低切削力。

（2）增大切削厚度：积屑瘤前端伸出于切削刃外，伸出量为 Δ，使切削厚度增大了 Δh_D，因而影响了加工精度。

（3）增大已加工表面粗糙度：积屑瘤粘附在切削刃上，使实际切削刃呈一不规则的曲线，导致在已加工表面上沿着主运动方向刻划出一些深浅和宽窄不同的纵向沟纹积屑瘤的形成、增大和脱落是一个具有一定周期的动态过程（每秒钟几十至几百次），使切削厚度不断变化，由此可能引起振动；积屑瘤脱落后，一部分粘附于切屑底部而被排出，一部分留在已加工表面上形成鳞片状毛刺。

（4）影响刀具耐用度：积屑瘤包围着切削刃，同时覆盖着一部分前刀面，具有代替刀刃切削及保护刀刃、减小前刀面磨损的作用，从而减少了刀具磨损。但在积屑瘤不稳定的情况下使用硬质合金刀具时，积屑瘤的破裂可能使硬质合金刀具颗粒剥落，使刀具磨损加剧。

3. 影响积屑瘤的主要因素及控制措施

（1）工件材料的塑性。影响积屑瘤形成的主要因素是工件材料的塑性。工件材料的塑性大，很容易生成积屑瘤，所以对于塑性好的碳素钢工件，应先进行正火或调质处理，以提高硬度、降低塑性、改善切削加工性。

（2）切削速度。切削速度是通过切削温度影响积屑瘤的，切削条件中对积屑瘤影响最大的是切削速度 v_c。如图 2-29 所示，以切削 45 钢为例，在低速（$v_c <$ 3 m/min）和较高速度（$v_c \geq 60$ m/min）范围内，摩擦系数都较小，故不易形成积屑瘤；在切削速度约为 20 m/min，切削温度约为 300 ℃，产生积屑瘤的高度达到最大值。

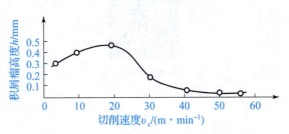

图 2-29 切削速度对积屑瘤的影响

加工条件：材料 45 钢

$a_p = 4.5$ mm，$f = 0.67$ mm/r

（3）进给量。进给量增大，则切削厚度增大。切削厚度越大，刀与切屑的接触长度越长，就越容易形成积屑瘤。若适当降低进给量，使切削厚度 h_D 变薄，以减小切屑与前刀面的接触和摩擦，则可减少积屑瘤的形成。

（4）刀具前角。若增大前角，切屑变形减小，不仅使前刀面的摩擦减小，同时减小了正压力，这就减小了积屑瘤的生成基础。实践证明，前角为 35°，一般不易产生积屑瘤。图 2-30 所示为切削合金钢消去积屑瘤时的切削速度、进给量和前角之间的关系。

（5）前刀面的粗糙度。前刀面越粗糙，摩擦越大，给积屑瘤的形成创造了条件。若前刀面光滑，积屑瘤也就不易形成。

（6）切削液。合理使用切削液，可减少摩擦，也能避免或减少积屑瘤的产生。精加工中，为降低已加工表面粗糙度，应尽量避免积屑瘤的产生。

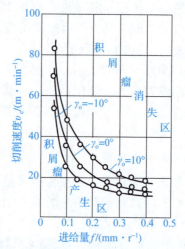

图 2-30 切削速度、进给量和前角之间的关系

加工条件:材料合金钢、P10(YT15)

$r_\varepsilon = 0.5$ mm, $a_p = 2$ mm

拓展知识链接 2-18

2.2.1.5 任务实施

2.2.1.5.1 学生分组

学生分组表 2-3

班级		组号		授课教师	
组长		学号			
组员	姓名		学号	姓名	学号

2.2.1.5.2　完成任务工单

任务工作单

组号：_____　姓名：_____　学号：_____　检索号：__22152 – 1__

引导问题：

(1) 描述切削过程中产生的三个切削变形区的变形特点。

_____

_____

(2) 车削如图 2 – 1 所示 $\phi 63_{-0.05}^{0}$ mm 短轴外圆时，在 CKS6116 车床（功率为 7.5 kW）上加工，某工人在以切削速度 15 m/min、进给量 0.2 mm/r 加工直径为 ϕ60 mm 的某中碳钢工件后，发现在刀具前刀面上主切削刃附近"长出"了一个硬度很高的楔块，并且工件已加工表面也变得比较粗糙。解释这一现象产生的原因。

_____

_____

任务工作单

组号：_____　姓名：_____　学号：_____　检索号：__22152 – 2__

引导问题：

(1) 积屑瘤有何特点？如何有效控制积屑瘤？在什么情况下可以有效利用积屑瘤？

_____

_____

(2) 车削如图 2 – 1 所示 $\phi 63_{-0.05}^{0}$ mm 短轴外圆时，通常采用哪些措施来减少加工硬化？

_____

_____

_____

(3) 切削变形是如何影响已加工表面的表面粗糙度的？

_____

_____

_____

2.2.1.5.3　合作探究

任务工作单

组号：_____　姓名：_____　学号：_____　检索号：__22153 – 1__

引导问题：

(1) 小组讨论，教师参与，确定车削如图 2 – 1 所示 $\phi 63_{-0.05}^{0}$ mm 短轴外圆时，控制切削变形的最佳解决方案，其是如何有效提高车削加工的质量的？

_____

_____

模块二　金属切削加工认知

(2) 检讨自己存在的不足。

_____

_____

(3) 每一组推荐 1 名小组长汇报,再次检讨自己的不足。

_____

_____

2.2.1.6　评价反馈

任务工作单

组号:_____　姓名:_____　学号:_____　检索号:　2216-1

自我评价表

班级		组名		日期	年　月　日
评价指标	评价内容			分数/分	分数评定
信息收集能力	能有效利用网络、图书资源查找有用的相关信息等;能将查到的信息有效地传递到学习中			10	
感知课堂生活	是否能在学习中获得满足感、课堂生活的认同感			10	
参与态度,沟通能力	能积极主动与教师、同学交流,相互尊重、理解、平等;与教师、同学之间是否能够保持多向、丰富、适宜的信息交流			10	
	能处理好合作学习和独立思考的关系,做到有效学习;能提出有意义的问题或能发表个人见解			10	
知识、能力获得	(1) 能充分认知切削变形三个变形区的特点			10	
	(2) 能分析产生积屑瘤的原因,并能有效控制			10	
	(3) 能分析工件表面产生加工硬化的原因			10	
	(4) 能分析切削变形对加工表面粗糙度的影响因素			10	
辩证思维能力	是否能发现问题、提出问题、分析问题、解决问题、创新问题			10	
自我反思	按时保质地完成任务;较好地掌握知识点;具有较为全面、严谨的思维能力,并能条理清楚、明晰地表达成文			10	
自评分数					
总结提炼					

任务工作单

被评价人信息：组号：_____ 姓名：_____ 学号：_____ 检索号：2216-2

小组内互评验收表

验收人组长		组名		日期	年 月 日
组内验收成员					
任务要求	明白三个切削变形区的变形特点；分析对已加工表面粗糙度的影响；解释积屑瘤产生的原因；如何有效控制积屑瘤；在什么情况下可以有效利用积屑瘤；通常采用哪些措施来减少加工硬化；文献检索目录清单				
文档验收清单	被评价人完成的22152-1任务工作单				
	被评价人完成的22152-2任务工作单				
	文献检索目录清单				
验收评分	评分标准		分数/分	得分	
	明白三个切削变形区的变形特点，缺一处扣2分		15		
	能分析对已加工表面粗糙度的影响，缺一处扣2分		15		
	能解释积屑瘤产生的原因，酌情赋分		15		
	能说出有效控制积屑瘤的措施，分析错误不得分，酌情赋分		15		
	能有效利用积屑瘤，分析错误不得分，酌情赋分		15		
	通常采取什么措施减少加工硬化，分析错误不得分，酌情赋分		15		
	文献检索目录清单，至少5份，少一份扣2分		10		
	评价分数				
总体效果定性评价					

二维码 2-19

任务工作单

被评组号：_____ 检索号：___2216-3___

小组间互评表（听取各小组长汇报，同学打分）

班级		评价小组		日期	年 月 日
评价指标		评价内容		分数/分	分数评定
汇报表述		表述准确		15	
		语言流畅		10	
		准确反映该组完成任务情况		15	
内容正确度		所表述的内容正确		30	
		阐述表达到位		30	
		互评分数			

二维码 2-20

二维码 2-21

模块二 金属切削加工认知

任务工作单

组号：_____ 姓名：_____ 学号：_____ 检索号：__2216-4__

任务完成情况评价表

任务名称		切削变形认知			总得分	
评价依据		学生完成任务后的任务工作单				
序号	任务内容及要求		配分/分	评分标准	教师评价	
					结论	得分
1	三个变形区的变形特点	（1）变形区的定义	5	错误一处扣2分		
		（2）不同变形区的特点	5	错误一处扣2分		
2	切削变形对加工表面粗糙度的影响	（1）如何影响	10	错误不得分		
		（2）影响规律	10	错误不得分		
3	积屑瘤产生的原因	（1）分析正确	10	错误不得分		
		（2）语言流畅	10	酌情赋分		
4	分析控制积屑瘤的措施	（1）分析正确	10	错误一个扣2分		
		（2）语言流畅	5	酌情赋分		
5	如何有效利用积屑瘤	（1）分析正确	5			
6	减少加工硬化的措施分析	（2）语言流畅	10			
7	至少包含5份文献检索目录清单	（1）数量	5	每少一个扣2分		
		（2）参考的主要内容要点	5	酌情赋分		
8	素质素养评价	（1）沟通交流能力	10	酌情赋分，但违反课堂纪律，不听从组长、教师安排，不得分		
		（2）团队合作				
		（3）课堂纪律				
		（4）合作探学				
		（5）自主研学				

二维码2-22

任务二　常用加工材料的切削变形分析及应用

2.2.2.1　任务描述

在实际生产中，如果工件材料分别为铸铁、碳钢、合金钢等，在进行金属切削加工时，分析它们的变形有什么不同，并能有效地在生产实际中加以应用，能解决加工不同金属材料的工件时所产生的切削变形对加工精度的影响问题。

2.2.2.2　学习目标

1. 知识目标

(1) 掌握加工不同金属材料时切削变形的过程；
(2) 掌握加工不同金属材料时控制其变形的措施和方法。

2. 能力目标

(1) 能采取有效措施控制加工不同金属材料时的切削变形；
(2) 能解决加工不同金属材料时切削变形对切削加工质量的影响问题。

3. 素养素质目标

(1) 培养多角度、辩证分析问题的意识；
(2) 培养质量意识。

2.2.2.3　重难点

1. 重点

加工不同金属材料时切削加工变形的特点。

3. 难点

加工不同金属材料时切削变形的有效控制。

2.2.2.4　相关知识链接

在一定的加工条件下材料被切削的难易程度称为材料的切削加工性。切削加工性是一个相对的概念，当被切削工件难加工时，切削加工性差（低）；反之，切削加工性好（高）。良好的切削加工性一般包括：在相同切削条件下刀具具有较高的耐用度；在相同切削条件下，切削力、切削功率较小，切削温度较低；加工时，容易获得良好的表面质量；容易控制切屑的形状，容易断屑。材料切削加工性的好坏，对于顺利完成切削加工任务、保证工件的加工质量意义重大。

材料的切削加工性不仅是一项重要的工艺性能指标，而且是材料多种性能的综合评价指标。材料的切削加工性不仅可以根据不同情况从不同方面进行评定，而且也是可以改变的。

2.2.2.4.1 工件材料切削加工性评定的主要指标

1. 加工材料的性能指标

材料加工性能的难易程度主要取决于材料结构和金相组织,以及所具有的物理和力学性能,其中包括材料硬度 HBW、抗拉强度 σ_b、伸长率 δ、冲击韧度 a_K 和热导率 κ,通常按它们数值的大小来划分加工性等级,见表 2-3。

从加工性分级表中查出材料性能的加工性等级,可全面了解材料切削加工难易程度的特点。以正火 45 钢为例,它的性能为:229HBW,$\sigma_b = 0.598$ GPa,$\delta = 16\%$,$a_K = 588$ kJ/m²,$\kappa = 50.24$ W/(m·K)。从表 2-3 中查出其各项性能的加工性等级为 "4·3·2·2·4",因而 45 钢是较易切削的金属材料。

2. 相对加工性指标

在切削 45 钢（170～229HBW,$\sigma_b = 0.637$ GPa）时,以刀具寿命 $T = 60$ min 的切削速度 $(v_{60})_j$ 作为基准,在相同加工条件下,切削其他材料的 v_{60} 与 $(v_{60})_j$ 的比值 K_r 称为相对加工性指标,即

$$K_r = \frac{v_{60}}{(v_{60})_j} \quad (2-21)$$

K_r 越大,材料加工性越好。从表 2-3 中可以看出,当 $K_r > 1$ 时该材料比 45 钢易切削;反之,该材料比 45 钢难切削。例如,正火 30 钢就比 45 钢易切削。一般把 $K_r \leq 0.5$ 的材料称为难加工材料,例如高锰钢、不锈钢等。

其他指标有已加工表面质量指标、切屑控制难易指标、切削温度、切削力、切削功率指标。加工表面质量指标是在相同加工条件下,比较已加工表面质量（如表面粗糙度等）来判定切削加工性的好坏。已加工表面质量越好,加工性越好。切屑控制难易指标是由切屑形状及断屑难易与否来判断材料加工性的好坏的,多用于自动机床、组合机床、自动线、深孔钻、盲孔镗等。切削温度、切削力、切削功率指标根据切削加工时产生的切削温度的高低、切削力的大小、功率消耗的多少来评判材料加工性,多用于机械系统动力不足或刚性不足时。这些数值越大,说明材料加工性越差,见表 2-4。

3. 刀具耐用度指标

通常用刀具耐用度的长短来衡量被加工材料切削的难易程度。例如,切削普通金属材料取刀具耐用度为 60 min 时的允许切削速度 v_{60},切削难加工材料用 v_{20},来评定相应材料切削加工性的好坏。在相同条件下,v_{60} 与 v_{20} 值越高,材料的切削加工性越好;反之,加工性差。

此外,根据不同的加工条件与要求,也可按"已加工表面粗糙度""切削力"和"断屑"等指标来衡量工件材料切削加工性的好坏。

2.2.2.4.2 切削加工性的影响因素

材料的物理力学性能、化学成分、金相组织是影响材料切削加工性的主要因素。

表 2-3 工件材料切削加工性分级

切削加工性等级代号		易切削		较易切削			较难切削		难切削		
	0	1	2	3	4	5	6	7	8	9	9a	9b
硬度 HBW	≤50	>50~100	>100~150	>150~200	>200~250	>250~300	>300~350	>350~400	>400~480	>480~635	>635	
硬度 HRC					>14~24.8	>24.8~32.3	>32.3~38.1	>38.1~43	>43~50	>50~60	>60	
抗拉强度 σ_b/GPa	≤0.196	>0.196~0.441	>0.441~0.588	>0.588~0.784	>0.784~0.98	>0.98~1.176	>1.176~1.372	>1.372~1.568	>1.568~1.764	>1.764~1.96	>1.96~2.45	>2.45
伸长率 $\delta \times 100\%$	≤10	>10~15	>15~20	>20~25	>25~30	>30~35	>35~40	>40~50	>50~60	>60~100	>100	
冲击韧度 a_K /(kJ·m^{-2})	≤196	>196~392	>392~588	>588~784	>784~980	>980~1 372	>1 372~1 764	>1 764~1 962	>1 962~2 450	>2 450~2 940	>2 940~3 920	
热导率 κ /(W·m^{-1}·K^{-1})	418.68~293.08	<293.08~167.47	<167.47~83.74	<83.74~62.80	<62.80~41.87	<41.87~33.5	<33.5~25.12	<25.12~16.75	<16.75~8.37	<8.37		

表 2-4 相对切削加工性及其分级

加工性等级	工件材料分类		相对切削加工性	代表性材料
1	很容易切削的材料	一般非铁金属	>3.0	5-5-5 铜铅合金、铝镁合金、9-4 铝铜合金
2	容易切削的材料	易切钢	2.5~3.0	退火 15Cr、自动机钢
3		较易切钢	1.6~2.5	正火 30 钢
4	普通材料	一般钢、铸铁	1.0~1.6	45 钢、灰铸铁、结构钢
5		稍难切削的材料	0.65~1.0	调质 2Cr13、85 钢
6	较难切削的材料	较难切削的材料	0.5~0.65	调质 45Cr、调质 65Mn
7		难切削的材料	0.15~0.5	1Cr18Ni9Ti、调质 50CrV、某些钛合金
8		很难切削的材料	<0.15	铸造镍基高温合金、某些钛合金

1. 材料的物理力学性能

就材料物理力学性能而言，材料的强度、硬度越高，切削时抗力越大，切削温度越高，刀具磨损越快，切削加工性越差；强度相同，塑性、韧性越好的材料，切削变形越大，切削力越大，切削温度越高，并且不易断屑，故切削加工性越差。材料的线膨胀系数越大、导热系数越小，加工性也越差。

2. 化学成分

就材料化学成分而言，增加钢的含碳量，强度、硬度提高，塑性、韧性下降。显然，低碳钢切削时变形大，不易获得高的加工表面；高碳钢切削抗力太大，切削困难；中碳钢介于两者之间，有较好的切削加工性。增加合金元素会改变钢的切削加工性，例如，锰、硅、镍、铬等都能提高钢的强度和硬度。石墨的含量、形状、大小影响着灰铸铁的切削加工性，促进石墨化的元素能改善铸铁的切削加工性，例如，碳、硅、铝、铜、镍等；阻碍石墨化的元素能降低铸铁的切削加工性，例如，锰、磷、硫、铬、钒等。

3. 金相组织

就材料的金相组织而言，钢中珠光体有较好的切削加工性，铁素体和渗碳体则较差；托氏体和索氏体组织在精加工时能获得质量较好的加工表面，但必须适当降低切削速度；奥氏体和马氏体切削加工性很差。

拓展知识链接 2-23

2.2.2.5 任务实施

2.2.2.5.1 学生分组

学生分组表 2-4

班级		组号		授课教师	
组长		学号			
组员	姓名		学号	姓名	学号

2.2.2.5.2 完成任务工单

任务工作单

组号：_____ 姓名：_____ 学号：_____ 检索号： 22252 - 1

引导问题：

（1）材料的切削加工性一般根据什么指标进行评判？

_____

_____

（2）在实际生生产中，分别加工铸铁、碳钢、合金钢、难加工材料等，在切削变形特点上有什么不同？

_____

_____

任务工作单

组号：_____ 姓名：_____ 学号：_____ 检索号： 22252 - 2

引导问题：

（1）在切削加工不同金属材料时，怎样能有效地在生产实际中合理控制切削变形，并能加以有效利用解决实际问题？

_____

_____

_____

(2) 阐述加工不同金属材料时，所产生的切削变形对加工精度的影响。

_____

_____

_____

2.2.2.5.3 合作探究

任务工作单

组号：_____ 姓名：_____ 学号：_____ 检索号：_22253 – 1_

引导问题：

(1) 小组讨论，教师参与，确定任务工作单 22252 – 1 和 22252 – 2 的最优解决方案。

_____

_____

_____

(2) 每位同学检讨自己存在的不足，并做好记录。

_____

_____

_____

(3) 每一组推荐 1 名小组长汇报，再次检讨自己的不足，并记录。

_____

_____

2.2.2.6 评价反馈

任务工作单

组号：_____ 姓名：_____ 学号：_____ 检索号：_2226 – 1_

自我评价表

班级		组名		日期	年 月 日
评价指标	评价内容			分数/分	分数评定
信息检索能力	能有效利用网络、图书资源查找有用的相关信息等；能将查到的信息有效地传递到工作中			10	
感知学习	是否能在学习中获得满足感、课堂生活的认同感			10	
参与态度、交流沟通	积极主动与教师、同学交流，相互尊重、理解、平等；与教师、同学之间是否能够保持多向、丰富、适宜的信息交流			10	
	能处理好合作学习和独立思考的关系，做到有效学习；能提出有意义的问题或能发表个人见解			10	

续表

班级		组名		日期	年 月 日
评价指标	评价内容			分数/分	分数评定
知识、能力获得	熟悉材料的切削加工性判断指标，并能进行评判			10	
	能分析在实际生产中，分别加工铸铁、碳钢、合金钢、难加工材料等，在切削变形特点上有什么不同			10	
	切削加工不同金属材料时，能有效地在生产实际中合理控制切削变形，并能加以有效利用解决实际问题			10	
	能分析加工不同金属材料时所产生的切削变形对加工精度的影响			10	
辩证思维能力	是否能发现问题、提出问题、分析问题、解决问题、创新问题			10	
自我反思	按时按质地完成任务；较好地掌握知识点；具有较为全面、严谨的思维能力，并能条理清楚、明晰地表达成文			10	
		自评分数			
有益的经验和做法					

任务工作单

组号：_____   姓名：_____   学号：_____   检索号：__2226-2__

二维码 2-24

小组内互评验收表

验收人组长		组名		日期	年 月 日
组内验收成员					
任务要求	熟悉材料的切削加工性判断指标，并能进行评判；在实际生产中，能分析加工铸铁、碳钢、合金钢和难加工材料等在切削变形特点上有什么不同；切削加工不同金属材料时，能有效地在生产实际中合理控制切削变形，并能加以有效利用以解决实际问题；能分析加工不同金属材料时，所产生切削变形对加工精度的影响；文献检索目录清单				
文档验收清单	被评价人完成的 22252-1 任务工作单				
	被评价人完成的 22252-2 任务工作单				
	文献检索目录清单				
验收评分	评分标准			分数/分	得分
	熟悉材料的切削加工性判断指标，并能进行评判，错误不得分			20	
	能分析不同材料切削变形的特点，分析错误不得分，酌情赋分			25	

续表

	评分标准	分数/分	得分
验收评分	能分析有效控制不同材料切削变形的措施,分析错误不得分,酌情赋分	25	
	能分析切削变形对加工精度的影响,分析错误不得分,酌情赋分	20	
	文献检索目录清单,至少5份,少一份扣2分	10	
	评价分数		
总体效果定性评价			

二维码 2-25

任务工作单

被评组号:_____ 检索号:__2226-3__

小组间互评表

班级		评价小组		日期	年 月 日
评价指标	评价内容			分数/分	分数评定
汇报表述	表述准确			15	
	语言流畅			10	
	准确反映该组完成情况			15	
内容正确度	内容正确			30	
	句型表达到位			30	
	互评分数				

二维码 2-26

任务工作单

组号:_____ 姓名:_____ 学号:_____ 检索号:__2226-4__

任务完成情况评价表

任务名称	常用材料的切削加工性及其应用			总得分		
评价依据	学生完成任务后的任务工作单					
序号	任务内容及要求		配分/分	评分标准	教师评价	
					结论	得分
1	熟悉材料的切削加工性判断指标,并能进行评判	(1) 判断指标	10	错误一处扣2分		
		(2) 进行评判	10	错误不得分		

续表

任务名称		常用材料的切削加工性及其应用		总得分		
评价依据			学生完成任务后的任务工作单			
序号	任务内容及要求		配分/分	评分标准	教师评价	
					结论	得分
2	分析不同材料切削变形的特点	（1）分析正确	10	错误不得分		
		（2）语言流畅	10	错误不得分		
3	分析有效控制不同材料切削变形的措施	（1）分析正确	10	错误不得分		
		（2）语言流畅	10	酌情赋分		
4	能分析切削变形对加工精度的影响	（1）分析正确	10	错误一个扣2分		
		（2）语言流畅	10	酌情赋分		
5	至少包含5份文献检索目录清单	（1）数量	5	每少一个扣2分		
		（2）参考的主要内容要点	5	酌情赋分		
6	素质素养评价	（1）沟通交流能力	10	酌情赋分，但违反课堂纪律，不听从组长、教师安排，不得分		
		（2）团队合作				
		（3）课堂纪律				
		（4）合作探学				
		（5）自主研学				

二维码2-27

项目三　切削力分析

任务一　切削力认知

2.3.1.1　任务描述

完成切削加工如图2-1所示短轴零件外圆表面时，进行切削力和切削功率的计算，并确定金属切削机床电动机的功率。

2.3.1.2　学习目标

1. 知识目标

（1）掌握切削力的来源；
（2）掌握切削力和切削功率的计算方法。

2. 能力目标

（1）能计算切削力及切削功率；
（2）能根据切削功率校核机床电动机功率。

3. 素养素质目标

（1）培养全方位、多角度、辩证分析和解决问题的能力；
（2）培养精益求精、追求极致的工匠精神。

2.3.1.3　重难点

1. 重点

加工不同金属材料时切削力的特点。

2. 难点

切削力和切削功率的计算。

2.3.1.4　相关知识链接

2.3.1.4.1　切削力的来源

在切削过程中，由于刀具切削工件而产生的工件和刀具之间的相互作用力叫切削力。

切削力产生的直接原因是切削过程中的变形和摩擦。前刀面的弹性、塑性变形抗力和摩擦力，后刀面的变形抗力和摩擦力，它们的总的合力 F 即为切削力，如图2-31所示。

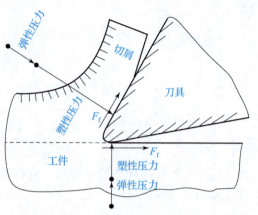

图 2-31 切削力的来源

2.3.1.4.2 切削力合力及其分解

1. 切削力的合理及其分解

为了便于分析切削力的作用和测量、计算切削力的大小，通常将合力 F 按主运动速度方向、切深方向、进给方向的空间直角坐标轴 z、y、x 分解成三个分力，如图 2-32 所示。

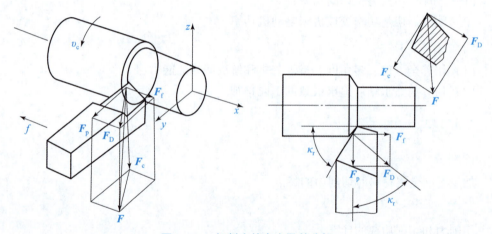

图 2-32 切削力的合力及其分解

切削力 F_c（主切削力 F_z）——在主运动方向上的分力；
背向力 F_p（切深抗力 F_y）——在垂直于假定工作平面上的分力；
进给力 F_f（进给抗力 F_x）——在进给运动方向上的分力。
三个分力与合力的关系如下：

$$\begin{cases} F = \sqrt{F_c^2 + F_p^2 + F_f^2} \\ F_p = F_D \cos\kappa_r \\ F_f = F_D \sin\kappa_r \end{cases} \tag{2-22}$$

式中：F_D——切削力在垂直于主运动方向的平面上的分力，属于中间分力。

一般情况下，就车削加工而言，F_c 最大，F_p 次之，F_f 最小。各切削分力的作用见

表2-5。

表2-5 切削分力的作用

切削分力	符号	各分力的作用
主切削力	F_c	主运动方向上的切削分力,也叫切向力,它是最大的分力,消耗功率最多(占机床功率的90%),是计算机床动力、机床与刀具的强度和刚度、夹具夹紧力的主要依据
切深抗力	F_p	吃刀方向上的分力,又称径向力,它使工件弯曲变形和引起振动,对加工精度和表面粗糙度影响较大。因切削时沿工件直径方向的运动速度为零,所以径向力不做功
进给抗力	F_f	在走刀方向上的分力,又叫轴向力,它与进给方向相反。其只消耗机床很少的功率(功率的1%~3%),是计算(或验算)机床走刀机构强度的依据

2. 切削力实验指数公式

切削力实验指数公式是将测力后得到的实验数据通过数学整理或计算机处理后建立的,切削力实验后整理的指数公式为

$$\left. \begin{array}{l} F_c = C_{F_c} a_p^{x_{F_c}} f^{y_{F_c}} v_c^{n_{F_c}} K_{F_c} \\ F_p = C_{F_p} a_p^{x_{F_p}} f^{y_{F_p}} v_c^{n_{F_p}} K_{F_p} \\ F_f = C_{F_f} a_p^{x_{F_f}} f^{y_{F_f}} v_c^{n_{F_f}} K_{F_f} \end{array} \right\} \tag{2-23}$$

式中:F_c,F_p,F_f——各切削分力,单位为N;

C_{F_c},C_{F_p},C_{F_f}——公式中系数,根据加工条件由实验确定;

x_F,y_F,n_F——各因素对切削力的影响程度指数;

K_{F_c},K_{F_p},K_{F_f}——不同加工条件对各切削分力的影响修正系数。

以上公式中的相关系数可以查阅相关手册选取确定。

2.3.1.4.3 切削力及功率的计算

切削力的计算可由经验公式(2-40)计算得到,但是比较麻烦,在实际生产中可查有关工艺手册。目前国内外许多资料中都利用单位切削力 k_c 来计算切削力 F_c 和切削功率 P_c,这是较为实用和简便的方法。

单位切削力 k_c 是切削单位切削层面积所产生的作用力,单位为 N/mm²,其计算公式为

$$k_c = \frac{F_c}{A_D} = \frac{C_{F_c} a_p^{x_{F_c}} f^{y_{F_c}} K_{F_c}}{a_p f} = \frac{C_{F_c}}{f^{1-y_{F_c}}} \tag{2-24}$$

式(2-24)中,实验得到 $x_{F_c} \approx 1$,因此在不同切削条件下影响单位切削力的因素是进给量 f。增大进给量,由于切削变形减小,因此单位切削力减小。

表2-6所示为硬质合金外圆车刀切削几种常用材料的单位切削力。

表2-6 硬质合金外圆车刀切削几种常用材料的单位切削力

工件材料					实验条件		
名称	牌号	制造、热处理状态	硬度/HBS	单位切削力/(N·mm^{-2})	刀具几何参数		切削用量范围
钢	45	热轧或正火	187	1 962	$\gamma_o = 15°$ $\kappa_r = 15°$ $\lambda_s = 0°$	$b_{r1} = 0$	$v_c = 1.5 \sim 1.75$ m/s (90 ~ 105 m/min) $a_p = 1 \sim 5$ mm $f = 0.1 \sim 0.5$ mm/r
		调质（淬火及高温回火）	229	2 305		前刀面带卷屑槽	
		淬硬（淬火及低温回火）	44 HRC	2 649		$b_{r1} = 0.1 \sim 0.15$ mm $\gamma_{o1} = -20°$	
	40Cr	热轧或正火	212	1 962		$b_{r1} = 0$	
		调质（淬火及高温回火）	285	2 305		$b_{r1} = 0.1 \sim 0.15$ mm $\gamma_{o1} = -20°$	
灰铸铁	HT200	退火	170	1 118	平前刀面，无卷屑槽	$b_{r1} = 0$	$v_c = 1.17 \sim 1.42$ m/s (70 ~ 85 m/min) $a_p = 2 \sim 10$ mm $f = 0.1 \sim 0.5$ mm/r

1. 主切削力 F_c

因生产条件与试验条件有差异，若已知单位切削力 k_c、背吃刀量 a_p、进给量 f，则用公式（2-25）计算主切削力 F_c（单位为 N）时需要进行修正：

$$F_c = F_z = k_c a_p f v_c^{n_{F_z}} K_{F_z} \tag{2-25}$$

2. 切削功率 P_c

切削功率 P_c 是指主运动消耗的功率（单位为 kW），可按下式计算：

$$P_c = F_c v_c \times 10^{-3} \tag{2-26}$$

式中：F_c——切削力（单位为 N）；

v_c——切削速度（单位为 m/s）。

按式（2-26）可确定机床主电动机功率 P_E 为

$$P_E = P_c / \eta \tag{2-27}$$

式中：η——机床传动效率，一般 $\eta = 0.75 \sim 0.9$。

2.3.1.5 任务实施

2.3.1.5.1 学生分组

学生分组表 2–5

班级		组号		授课教师	
组长		学号			
组员	姓名	学号	姓名	学号	

2.3.1.5.2 完成任务工单

任务工作单

组号：_____　姓名：_____　学号：_____　检索号：23152–1

引导问题：

（1）分析在金属切削加工过程中切削力的来源。

_____

_____

（2）在实际生生产中，分别加工铸铁、碳钢、合金钢、难加工材料等，在切削力特点上有什么不同？

_____

_____

任务工作单

组号：_____　姓名：_____　学号：_____　检索号：23152–2

引导问题：

用硬质合金车刀车削热扎 45 钢（$\sigma_b = 0.650$ GPa），车刀主要几何角度为 $\gamma_o = 15°$、$\kappa_r = 75°$、$\lambda_s = 0°$，选择进给量为 0.15 mm/r，背吃刀量为 2 mm，机床转速为 1 200 r/min，被加工工件直径为 $\phi 60$ mm，机床的传动效率为 0.8。试估算机床主电动机的供给功率。

_____

_____

2.3.1.5.3 小组讨论

任务工作单

组号：_____ 姓名：_____ 学号：_____ 检索号：__23153-1__

引导问题：

(1) 小组讨论，教师参与，确定任务工作单 23152-1 和 23152-2 的最优解决方案。

_____

_____

(2) 每位同学检讨自己存在的不足，并做好记录。

_____

_____

(3) 每一组推荐 1 名小组长汇报，再次检讨自己的不足，并记录。

_____

2.3.1.6 评价反馈

任务工作单

组号：_____ 姓名：_____ 学号：_____ 检索号：__2316-1__

自我评价表

班级		组名		日期	年 月 日
评价指标	评价内容			分数/分	分数评定
信息检索能力	能有效利用网络、图书资源查找有用的相关信息等；能将查到的信息有效地传递到工作中			10	
感知学习	是否能在学习中获得满足感、课堂生活的认同感			10	
参与态度、交流沟通	积极主动与教师、同学交流，相互尊重、理解、平等；与教师、同学之间是否能够保持多向、丰富、适宜的信息交流			15	
	能处理好合作学习和独立思考的关系，做到有效学习；能提出有意义的问题或能发表个人见解			15	
知识、能力获得	能分析切削力的来源			10	
	能分析在实际生产中，分别加工铸铁、碳钢、合金钢、难加工材料等，在切削力特点上有什么不同			10	
	能计算机床主电动机的供给功率			10	

续表

班级		组名	日期	年　月　日
评价指标	评价内容		分数/分	分数评定
辩证思维能力	是否能发现问题、提出问题、分析问题、解决问题、创新问题		10	
自我反思	按时按质地完成任务；较好地掌握知识点；具有较为全面、严谨的思维能力，并能条理清楚、明晰地表达成文		10	
	自评分数			
有益的经验和做法				

任务工作单

组号：_____　　姓名：_____　　学号：_____　　检索号：　2316 – 2

小组内互评验收表

验收人组长		组名	日期	年　月　日
组内验收成员				
任务要求	能分析切削力的来源；能分析在实际生产中，分别加工铸铁、碳钢、合金钢、难加工材料等在切削力特点上有什么不同；能计算机床主电动机的供给功率			
文档验收清单	被评价人完成的 23152 – 1 任务工作单			
	被评价人完成的 23152 – 2 任务工作单			
	文献检索目录清单			
	评分标准		分数/分	得分
验收评分	能分析切削力的来源，酌情赋分		25	
	能分析在实际生产中，分别加工铸铁、碳钢、合金钢、难加工材料等在切削力特点上有什么不同，漏一处扣 5 分		25	
	能计算机床主电动机的供给功率，错误不得分		25	
	文献检索目录清单，至少 5 份，少一份扣 5 分		25	
	评价分数			
总体效果定性评价				

任务工作单

被评组号：_____ 检索号：__2316-3__

小组间互评表

班级		评价小组	日期	年　月　日
评价指标	评价内容		分数/分	分数评定
汇报表述	表述准确		15	
	语言流畅		10	
	准确反映该组完成情况		15	
内容正确度	内容正确		30	
	句型表达到位		30	
	互评分数			

二维码 2-28

任务工作单

组号：_____ 姓名：_____ 学号：_____ 检索号：__2316-4__

任务完成情况评价表

任务名称		切削力分析		总得分		
评价依据		学生完成任务后的任务工作单				
序号	任务内容及要求		配分/分	评分标准	教师评价	
					结论	得分
1	能分析切削力的来源	(1) 阐述清楚	10	错误一处扣2分		
		(2) 语言流畅	10	酌情扣分		
2	能分析在实际生产中，分别加工铸铁、碳钢、合金钢、难加工材料等，在切削力特点上有什么不同	(1) 分析正确	10	错误不得分		
		(2) 语言流畅	10	酌情扣分		
3	能计算机床主电动机的供给功率	(1) 分析正确	10	错误不得分		
		(2) 语言流畅	10	酌情赋分		
4	文献检索目录清单	(1) 分析正确	10	错误一个扣2分		
		(2) 语言流畅	10	酌情赋分		

续表

任务名称	切削力分析			总得分		
评价依据	学生完成任务后的任务工作单					
序号	任务内容及要求		配分/分	评分标准	教师评价	
					结论	得分
5	素质素养评价	(1) 沟通交流能力	20	酌情赋分，但违反课堂纪律，不听从组长、教师安排，不得分		
		(2) 团队合作				
		(3) 课堂纪律				
		(4) 合作探学				
		(5) 自主研学				

二维码 2-29

任务二 影响切削力因素分析及应用

2.3.2.1 任务描述

切削加工如图 2-1 所示短轴零件外圆表面时,完成影响切削力的因素分析;提出有效控制切削力的措施和方法。

2.3.2.2 学习目标

1. 知识目标

(1) 掌握影响切削力的因素;
(2) 掌握有效控制切削力的方法。

2. 能力目标

(1) 能有效控制切削力;
(2) 能解决因为切削力造成的加工表面质量低下的问题。

3. 素养素质目标

(1) 培养全方位、多角度、辩证分析和解决问题的能力;
(2) 培养善于抓住主要矛盾,分析和解决生产实际问题的能力。

2.3.2.3 重难点

1. 重点

影响切削力的因素。

2. 难点

切削力的有效控制。

2.3.2.4 相关知识链接

2.3.2.4.1 影响切削力的主要因素

1. 工件材料的影响

工件材料的成分、组织、性能是影响切削力的主要因素。材料的硬度、强度越高,变形抗力越大,则切削力越大。在材料硬度、强度相近的情况下,材料的塑性、韧性越大,则切削力越大。如切削脆性材料时,切屑呈崩碎状态,塑性变形与摩擦都很小,故切削力一般低于塑性材料。不锈钢 1Cr18Ni9Ti 的硬度与正火 45 钢大致相等,但由于其塑性、韧性大,所以其单位切削力比 45 钢大 25%。

2. 刀具角度的影响

(1) 前角 γ_o 的影响。γ_o 越大,切屑变形就越小,切削力减小。切削塑性大的材料,加大前角可使塑性变形显著减小,故切削力减小。

(2) 主偏角 κ_r 的影响。如图 2-33 所示，主偏角 κ_r 对主切削力 F_c 的影响不大。$\kappa_r = 60° \sim 75°$ 时，F_c 最小；$\kappa_r < 60°$ 时，F_c 随 κ_r 的增大而减小；κ_r 在 $60° \sim 75°$ 时，F_c 减到最小；$\kappa_r > 75°$ 时，F_c 随 κ_r 的增大而增大，不过 F_c 增大或减小的幅度均在 10% 以内。主偏角 κ_r 主要影响 F_p 和 F_f 的比值，κ_r 增大时，背向力 F_p 减小，进给抗力 F_f 增大，所以在切削细长轴时，采用大的 κ_r，如 $\kappa_r = 90°$。

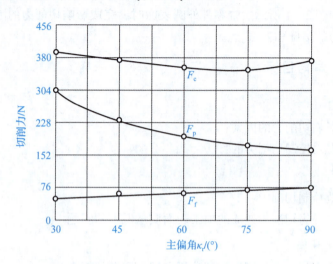

图 2-33 κ_r 对 F_c、F_p、F_f 的影响

(3) 刃倾角 λ_s 的影响。如图 2-34 所示，刃倾角 λ_s 对主切削力 F_c 的影响很小，但对背向力 F_p、进给抗力 F_f 的影响显著，其减小时，F_p 增大、F_f 减小。

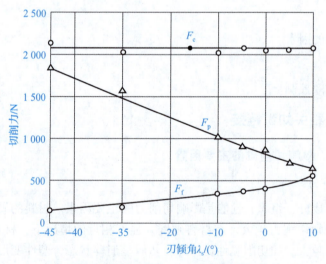

图 2-34 λ_s 对 F_c、F_p、F_f 的影响

(4) 刀尖圆弧半径 γ_ε。刀尖圆弧半径 γ_ε 对背向力 F_p 的影响最大，随着 γ_ε 的增大，切削变形增大，切削力增大。实验表明，当 γ_ε 由 0.25 mm 增大到 1 mm 时，F_p 可增大 20% 左右，易引起振动。所以，从减小切削力的角度看，应该选用较小的刀尖圆弧半径 γ_ε。

3. 切削用量的影响

(1) 进给量 f 和背吃刀量 a_p。a_p 和 f 增大时，切削面积 A_D 成比例地增大，故切削力增大。但二者对切削力的影响程度不同，a_p 增大时，切削力 F_c 成比例地增大；而 f 增大时，F_c 的增大却不成比例，其影响程度比 a_p 小，这是由于刀具切削刃钝圆半径的影响。在切屑底层靠近刀刃处的金属受到严重的挤压变形，称为"严重变形层"。如图 2-35 所示，当切削厚度较小时，严重变形层所占比例较大，切削层的变形也较大，单位切削力也较大；当切削厚度增大时，严重变形层所占比例较小，因此单位切削力也减小，使切削力大小不与切削厚度成比例增大。而切削宽度增大时，切屑与刀刃的接触长度同比例增大，严重变形层在切削层面积中的比例不变，单位切削力也不变，使切削力大小与切削宽度成比例增大。

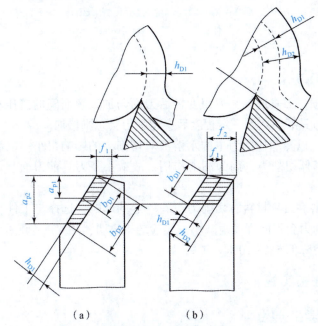

图 2-35　进给量和背吃刀量对切削力的影响
(a) a_p；(b) f

根据这一规律可知，在切削面积不变的条件下，采用较大的进给量和较小的切削深度，可使切削力较小。

(2) 切削速度 v_c。切削速度 v_c 主要是通过对积屑瘤的影响来影响切削力的。如图 2-36 所示，在 v_c 较低时，随着 v_c 的增大，积屑瘤增高，刀具实际前角增大，故切削力减小；v_c 较高时，随着 v_c 的增大，积屑瘤逐渐减小，切削力又逐渐增大。在积屑瘤消失后，v_c 再增大，使切削温度升高，切削层金属的强度和硬度降低，切屑变形减小，摩擦力减小，因此切削力减小。当 v_c 达到一定值后再增大时，切削力变化减缓，渐趋稳定。可见在不影响切削效率的前提下，为降低切削力，应增大切削速度而减小切削深度。

切削脆性金属（如铸铁、黄铜）时，切屑和前刀面的摩擦小，v_c 对切削力无显著的影响。

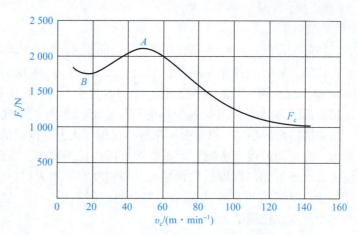

图2-36 切削速度对切削力的影响

工件材料：45钢 刀具：YT15
$\gamma_o = 15°$，$\lambda_s = 0°$，$\kappa_r = 45°$，$a_p = 2$ mm，$f = 0.2$ mm/r

4. 其他因素的影响

(1) 刀具磨损。刀具磨损，刀刃变钝后刀面与加工表面间的挤压和摩擦加剧，使切削力增大。当刀具磨损达到一定程度后，切削力会急剧增加。

(2) 切削液。以冷却作用为主的水溶液对切削力的影响很小。以润滑作用为主的切削液能显著地降低切削力，因为润滑作用，故减小了刀具前刀面与切屑、后刀面与工件表面的摩擦。

(3) 刀具材料。刀具材料对切削力也有一定的影响，选择与工件材料摩擦系数小的刀具材料，切削力会不同程度地减小。实验结果表明，用YT类硬质合金刀具比用高速钢刀具的切削力降低5%~10%。

2.3.2.5 任务实施

2.3.2.5.1 学生分组

学生分组表2-6

班级		组号		授课教师	
组长		学号			
组员	姓名	学号		姓名	学号

2.3.2.5.2 完成任务工单

任务工作单

组号：_____ 姓名：_____ 学号：_____ 检索号：__23252-1__

引导问题：
在金属切削加工过程中，影响切削力的因素有哪些？

_____
_____

任务工作单

组号：_____ 姓名：_____ 学号：_____ 检索号：__23252-2__

引导问题：
(1) 在切削加工不同金属材料时，怎样能有效地在生产实际中合理控制切削力，并能加以有效利用来解决实际问题？

_____
_____

(2) 阐述加工不同金属材料时，所产生的切削力对加工精度的影响。

_____
_____

2.3.2.5.3 合作探究

任务工作单

组号：_____ 姓名：_____ 学号：_____ 检索号：__23253-1__

引导问题：
(1) 小组讨论，教师参与，确定任务工作单 23252-1 和 23252-2 的最优解决方案。

_____
_____
_____

(2) 每位同学检讨自己存在的不足，并做好记录。

_____
_____

(3) 每一组推荐 1 名小组长汇报，再次检讨自己的不足，并记录。

_____
_____

模块二　金属切削加工认知

2.3.2.6 评价反馈

任务工作单

组号：_____ 姓名：_____ 学号：_____ 检索号：__2326－1__

自我评价表

班级		组名		日期	年 月 日
评价指标		评价内容		分数/分	分数评定
信息检索能力		能有效利用网络、图书资源查找有用的相关信息等；能将查到的信息有效地传递到工作中		10	
感知学习		是否能在学习中获得满足感、课堂生活的认同感		10	
参与态度、交流沟通		积极主动与教师、同学交流，相互尊重、理解、平等；与教师、同学之间是否能够保持多向、丰富、适宜的信息交流		15	
		能处理好合作学习和独立思考的关系，做到有效学习；能提出有意义的问题或能发表个人见解		15	
知识、能力获得		知晓切削力的影响因素		10	
		切削加工不同金属材料时，能有效地在生产实际中合理控制切削力，并能加以有效利用来解决实际问题		10	
		能分析加工不同金属材料时所产生的切削力对加工精度的影响		10	
辩证思维能力		是否能发现问题、提出问题、分析问题、解决问题、创新问题		10	
自我反思		按时按质地完成任务；较好地掌握知识点；具有较为全面、严谨的思维能力，并能条理清楚、明晰地表达成文		10	
		自评分数			
有益的经验和做法					

任务工作单

组号：_____ 姓名：_____ 学号：_____ 检索号：__2326－2__

小组内互评验收表

验收人组长		组名		日期	年 月 日
组内验收成员					
任务要求		知晓切削力的影响因素；切削加工不同金属材料时，能有效地在生产实际中合理控制切削力，并能加以有效利用来解决实际问题；能分析加工不同金属材料时所产生的切削力对加工精度的影响			

续表

验收人组长		组名	日期	年　月　日
文档验收清单	被评价人完成的 23252-1 任务工作单			
	被评价人完成的 23252-2 任务工作单			
	文献检索目录清单			
验收评分	评分标准		分数/分	得分
	知晓切削力的影响因素		25	
	切削加工不同金属材料时，能有效地在生产实际中合理控制切削力，并能加以有效利用来解决实际问题		25	
	能分析加工不同金属材料时所产生的切削力对加工精度的影响		25	
	文献检索目录清单，至少 5 份，少一份扣 5 分		25	
	评价分数			
总体效果定性评价				

任务工作单

被评组号：_____ 检索号：__2326-3__

小组间互评表

班级		评价小组	日期	年　月　日
评价指标	评价内容		分数/分	分数评定
汇报表述	表述准确		15	
	语言流畅		10	
	准确反映该组完成情况		15	
内容正确度	内容正确		30	
	句型表达到位		30	
	互评分数			

二维码 2-30

任务工作单

组号：_____ 姓名：_____ 学号：_____ 检索号：__2326－4__

任务完成情况评价表

任务名称		影响切削力因素分析及应用			总得分	
评价依据		学生完成任务后的任务工作单				
序号	任务内容及要求		配分/分	评分标准	教师评价	
					结论	得分
1	知晓切削力的影响因素	（1）阐述清楚	10	错误一处扣2分		
		（2）语言流畅	10	酌情扣分		
2	切削加工不同金属材料时，能有效地在生产实际中合理控制切削力，并能加以有效利用来解决实际问题	（1）分析正确	10	错误不得分		
		（2）语言流畅	10	酌情扣分		
3	能分析加工不同金属材料时所产生的切削力对加工精度的影响	（1）分析正确	10	错误不得分		
		（2）语言流畅	10	酌情赋分		
4	文献检索目录清单	（1）分析正确	10	错误一个扣2分		
		（2）语言流畅	10	酌情赋分		
5	素质素养评价	（1）沟通交流能力	20	酌情赋分，但违反课堂纪律、不听从组长、教师安排，不得分		
		（2）团队合作				
		（3）课堂纪律				
		（4）合作探学				
		（5）自主研学				

二维码 2－31

项目四　刀具磨损及耐用度分析

任务一　刀具磨损原因分析

2.4.1.1　任务描述

切削加工如图 2-1 所示短轴零件外圆表面时,解释刀具磨损的原因,并提出有效控制刀具磨损的措施和方法。

2.4.1.2　学习目标

1. 知识目标

(1) 掌握影响刀具磨损的因素;
(2) 掌握有效控制刀具磨损的方法。

2. 能力目标

(1) 能有效控制刀具磨损;
(2) 能根据不同加工工况有效控制刀具磨损。

3. 素养素质目标

(1) 培养全方位、多角度、辩证分析和解决问题的能力;
(2) 培养成本、效益、质量意识。

2.4.1.3　重难点

1. 重点

影响刀具磨损的因素。

2. 难点

刀具磨损的有效控制。

2.4.1.4　相关知识链接

2.4.1.4.1　切削热的产生和传散

1. 切削热的产生

如图 2-37 所示,切削热主要来自工件材料在切削过程中的变形(弹性变形、塑性变形)和摩擦(前刀面与切屑、后刀面与工件),即三个变形区是切削热的热源。

在第Ⅰ变形区,主要是切削层的变形热;在第Ⅱ变形区,主要是切屑与前刀面的摩擦热;在第Ⅲ变形区,主要是后刀面与工件的摩擦热。

切削塑性材料,v_c 不高时,主要是弹、塑性变形热;v_c 较高时,主要是摩擦热。切削脆性材料时,因无塑性变形,故主要是弹性变形热和后刀面与工件的摩擦热。

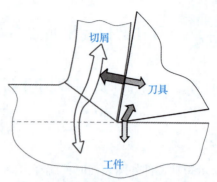

图 2-37 切削热源与切削热的传散

2. 切削热的传散

切削热由切屑、工件、刀具及周围介质传导出去。切削热产生与传散的关系为

$$Q = Q_变 + Q_摩 = Q_屑 + Q_工 + Q_刀 + Q_介 \quad (2-28)$$

表 2-7 列出了车削和钻削时切削热由各部分传出的比例。

表 2-7　车削和钻削时切削热由各部分传出的比例

类型	$Q_屑$	$Q_工$	$Q_刀$	$Q_介$
车削	50% ~ 86%	4% ~ 10%	9% ~ 30%	1%
钻削	28%	14.5%	52.5%	5%

2.4.1.4.2　切削温度的分布

通常所说的切削温度，如无特别说明，均是指切削区域（即切屑、工件、刀具接触处）的平均温度。切削温度的高低取决于切削热产生的多少和切削热传散的情况。

生产中常以切屑的颜色判断切削温度的高低，如切削碳素结构钢，切屑呈银白色时，切削温度约为 200 ℃ 以下；淡黄色——约 220 ℃；深蓝色——约 300 ℃；淡灰色——约 400 ℃；紫黑色—— >500 ℃。

对于每种刀具和工件材料的组合，理论上都有一最佳切削温度，在这一温度范围内，工件材料的硬度和强度相对于刀具下降较多，使刀具相对切削能力提高、磨损相对减缓。例如：

切削高强度钢时，用高速钢刀具，其最佳切削温度为 480 ℃ ~ 650 ℃；用硬质合金刀具，其最佳切削温度为 750 ℃ ~ 1 000 ℃。

切削不锈钢时，用高速钢刀具，其最佳切削温度为 280 ℃ ~ 480 ℃；用硬质合金刀具，其最佳切削温度为 <650 ℃。

虽然在切削过程中切屑、工件、刀具三者的切削温度都会升高，但由于工件和刀具材料的导热系数不同，传导到切屑、工件和刀具上的热量百分比不同，以及它们的散热条件也不同，使得切削区域内各点的温度均不相同。图 2-38 所示为切屑、工件和刀具在主剖面内温度分布的例子。

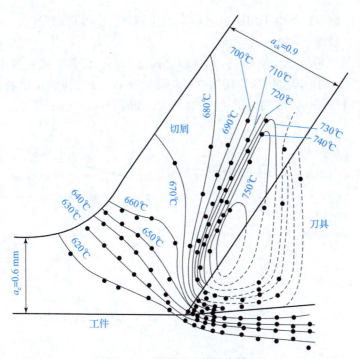

图 2-38 切削温度的分布情况

工件材料：低碳易切钢；刀具：$\gamma_o=30°$，$\alpha_o=7°$；

切削用量：$a_p=0.6$ mm，$v_c=0.38$ m/s；切削条件：干切削，预热 611 ℃

由图 2-38 可知，切削塑性材料时，刀具上温度最高的地方并不是刀刃而是在前刀面上离刀刃一定距离的地方。这是因为切屑沿前刀面卷曲排出时，在前刀面上靠近刀刃处有一个压力和摩擦力最大的"压力中心"，此处摩擦力最大，产生的热量最多而又不易传导出去，所以温度最高。

而切削脆性材料时，情况又有所不同。由于切削层的塑性变形小，切屑与前刀面的摩擦也小，所以最高温度出现在刃口附近的后刀面上。

2.4.1.4.3 切削温度对切削过程的影响

（1）不利的方面。加剧刀具磨损，降低刀具耐用度；使工件、刀具变形，影响加工精度；温度升高，工件受热会发生变形。例如车长轴的外圆时，工件的热伸长使加工出的工件呈鼓形度；车中等长轴时，由于车刀可伸长 0.03~0.04 mm（刀具热伸长始终大于刀具的磨损），所以工件会产生锥度；工件表面产生残余应力或金相组织发生变化，产生烧伤退火。

（2）有利的方面。使工件材料软化，变得容易切削；改善刀具材料脆性和韧性，减少崩刃；具有较高的切削温度，且不利于积屑瘤的生成。

2.3.2.4.4 影响切削温度的主要因素

1. 切削用量

（1）切削速度。切削用量中对切削温度影响最大的是切削速度 v_c。随着 v_c 的提高，切削温度显著提高。因为当切屑沿前刀面流出时，切屑底层与前刀面发生强烈摩擦，因而产生大量的热量。但由于切屑带走热量的比例增大,故切削温度并不随 v_c 的增大成比例地提高。如图 2-39(c)所示。

(2) 进给量。进给量 f 增大时,切削温度随之升高,但其影响程度不如 v_c 大。这是因为 f 增大时,切削厚度增加,切屑的平均变形减小;加之进给量增加会使切屑与前刀面的接触区域增加,即散热面积 A_D 略有增大,如图 2-39(b)所示。

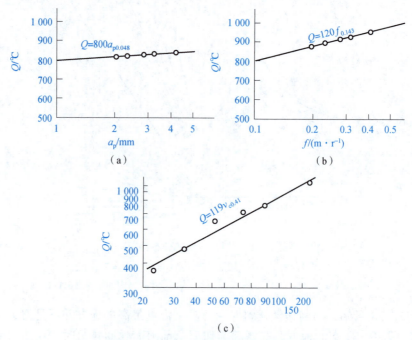

图 2-39 切削用量对切削温度的影响

(a) 背吃刀量与切削温度的关系($f=0.1$ mm/r, $v_c=107$ m/min);
(b) 进给量与切削温度的关系($a_p=3$ mm, $v_c=94$ m/min);
(c) 切削速度与切削温度的关系($a_p=3$ mm, $f=0.1$ m/r)

(3) 切削深度。切削深度 a_p 对切削温度的影响最小。这是因为 a_p 增加时,刀刃工作长度成比例增加,即散热面积 A_D 也成正比增加,但切屑中部的热量传散不出去,所以切削温度略有上升。如图 2-39(a)所示。

实验得出,v_c 增加 1 倍,切削温度增加 20%~33%;f 增加 1 倍,切削温度大约增加 10%;a_p 增加 1 倍,切削温度大约只增加 3%。

通过上述分析可见,随着切削用量 v_c、f、a_p 的增大,切削温度也会提高。其中 v_c 的影响最大,f 次之,a_p 最小。因此,在切削效率不变的条件下,通过减小切削速度来降低切削温度,比减小 f 或 a_p 更为有利。

2. 刀具几何角度

前角 γ_o 与主偏角 κ_r 的影响最明显,如图 2-40 所示。实验证明,γ_o 从 10° 增加到 18°,切削温度下降 15%,这是因为切削层金属在基本变形区和前刀面摩擦变形区变形程度随前角增大而减小。但是前角过分增大会影响刀头的散热能力,切削热因散热体积减小不能很快传散出去。例如,γ_o 从 18° 增加到 25°,切削温度大约只能降低 5%。

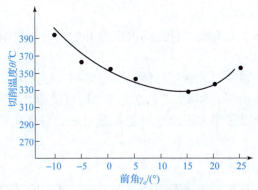

图2-40 前角 γ_o 对切削温度的影响

工件材料：45钢；刀具材料：W18Cr4V；$\kappa_r = 75°$，$\alpha_o = 6°$；

切削用量：$a_p = 1.5$ mm，$f = 0.2$ mm/r，$v_c = 20$ m/min

主偏角 κ_r 减小会使主切削刃工作长度增加，散热条件相应改善。另外，κ_r 减小使刀头的散热体积增大，也有利于散热。因此，可采用较小的主偏角来降低切削温度，如图2-41所示。

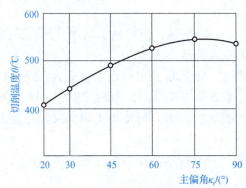

图2-41 主偏角 κ_r 与切削温度的关系

工件材料：45钢；刀具材料：YT15；$\gamma_o = 15°$；切削用量：$a_p = 2$ mm，$f = 0.2$ mm/r

刀尖圆弧半径 γ_ε 增大，使刀具切削刃的平均主偏角 κ_{rav} 减小，切削宽度 b_D 增大，刀具传热能力增强，切削温度降低。

3. 工件材料

工件材料影响切削温度的因素主要有强度、硬度、塑性及导热性能。工件材料的强度与硬度越高，切削时消耗的功越多，产生的切削热越多，切削温度就越高；在强度、硬度大致相同的条件下，塑性、韧性好的金属材料塑性变形较严重，因变形而转变成的切削热较多，所以切削温度也较高；工件材料的导热性能好，有利于切削温度的降低。例如，不锈钢1Cr18Ni9Ti的强度、硬度虽低于45钢，但其导热系数小于45钢（约为45钢的1/4），故切削温度比45钢高40%。

4. 刀具磨损

刀具磨损后切削刃变钝，刀具与工件间的挤压力和摩擦力增大，功耗增加，产生的切削热多，切削温度因而提高。

5. 切削液

切削液可减小切屑、刀具和工件之间的摩擦并带走大量切削热，因此，可有效地降低切削温度。

综上所述，为减小切削力，增大 f 比增大 a_p 有利。但从降低切削温度来考虑，增大 a_p 又比增大 f 有利。由于 f 的增大使切削力和切削温度的增加都较小，但却使材料切除率成正比例提高，所以采用大进给量切削具有较好的综合效果，特别是在粗、半精加工中得到广泛应用。

2.4.1.4.5 刀具磨损

在切削加工中，刀具有一个逐渐变钝而失去加工能力的过程，这就是磨损。刀具因磨损、崩刃、卷刃而失去加工能力的现象称为刀具的失效（钝化）。刀具的磨损对加工质量、效率影响很大，必须引起足够的重视。

1. 刀具磨损形式

刀具磨损可分为正常磨损和非正常磨损两类。

（1）正常磨损。正常磨损是指随着切削时间增加磨损逐渐扩大的磨损形式，图2-42所示为正常磨损形式。

①前刀面磨损：如图2-42所示，前刀面上出现月牙洼磨损，其深度为 KT，这是由切屑流出时产生摩擦和高温高压作用形成的。

②主后面磨损：如图2-42所示，主后面磨损分为三个区域：刀尖磨损，磨损量大是由近刀尖处强度低、温度集中造成的；中间磨损区，均匀磨损量为 VB，这是由摩擦和散热差所致；边界磨损区，切削刃与待加工表面交界处磨损，这是由高温氧化和表面硬化层作用引起的。

③副后面磨损：如图2-42所示，在切削过程中因副后角及副偏角过小，致使副后面受到严重摩擦而产生磨损。

（2）非正常磨损。非正常磨损亦称破损，图2-43所示为刀具的塑性变形，图2-44所示为较常见的几种脆性破损形式。

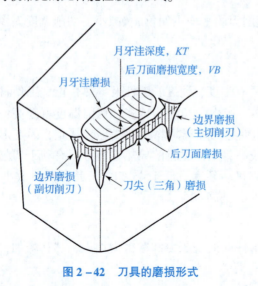

图2-42 刀具的磨损形式

图2-43 刃口塑性变形

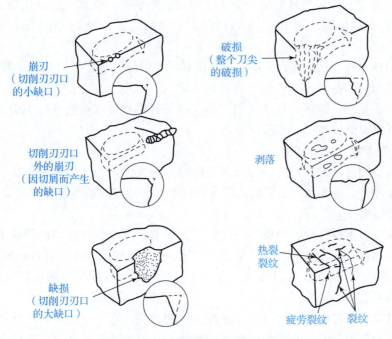

图 2-44 刀具脆性损伤的分类

发生脆性损伤的原因是作用于刀具的拉应力和剪切应力以及交变应力,具体来说有下述几种原因:

①因不合理的切削条件等使刀尖受到较大的力;
②因发生颤振和不连续切削等引起瞬时较大的力;
③积屑瘤等黏结物脱落;
④切削热和冷却条件的变化。

塑性变形是刀具切削区域因严重塑性变形使刀面和切削刃周围产生塌陷,产生的原因主要是,切削温度过高和切削压力过大,刀头强度和硬度降低,尤其是在高速钢刀具上较易出现。

2. 刀具磨损原因

为了减小和控制刀具的磨损,以及研制新的刀具材料,必须研究刀具磨损的原因和本质。切削过程中的刀具磨损具有下列特点:

(1) 刀具与切屑、工件间的接触表面经常是新鲜表面;
(2) 接触压力非常大,有时超过被切削材料的屈服强度;
(3) 接触表面的温度很高,对于硬质合金刀具可达 800 ℃ ~ 1 000 ℃,对于高速钢刀具可达 300 ℃ ~ 600 ℃。

在上述条件下工作,刀具磨损经常是机械的、热的、化学的三种作用的综合结果,可以产生磨料磨损、冷焊磨损(有的文献称为粘结磨损)、扩散磨损、相变磨损和氧化磨损等。

1) 磨粒磨损

切屑、工件的硬度虽然低于刀具的硬度,但其结构中经常含有一些硬度极高的微小硬质点，能在刀具表面刻划出沟纹，这就是磨料磨损。硬质点有碳化物（如 Fe_3C、TiC、VC 等）、氮化物（如 TiN、Si_3N_4 等）、氧化物（如 SiO_2、Al_2O_3 等）和金属间化合物。

磨料磨损在各种切削速度下都存在，但对低速切削的刀具（如拉刀、板牙等），磨料磨损是磨损的主要原因。这是因为低速切削时，切削温度比较低，而由其他原因产生的磨损尚不显著，因而不是主要的。高速钢刀具的硬度和耐磨性低于硬质合金、陶瓷等，故其磨料磨损所占的比重较大。

2）冷焊磨损（粘接磨损）

切削时，切屑、工件与前、后刀面之间存在很大的压力和强烈的摩擦，因而它们之间会发生冷焊。由于摩擦，它们之间有相对运动，故冷焊结点产生破裂被一方带走，从而造成冷焊磨损。

一般来说，工件材料或切屑的硬度较刀具材料的硬度低，冷焊结的破裂往往发生在工件或切屑这一方。但由于交变应力、接触疲劳、热应力以及刀具表层结构缺陷等，冷焊结的破裂也可能发生在刀具这一方，这时，刀具材料的颗粒被切屑或工件带走，从而造成刀具磨损。

冷焊磨损一般在中等偏低的切削速度下比较严重，在高速钢刀具正常工作的切削速度和硬质合金刀具偏低的切削速度下，都能满足产生冷焊的条件，故此时冷焊磨损所占的比重较大。提高切削速度后，硬质合金刀具冷焊磨损减轻。

3）扩散磨损

扩散磨损在高温下产生。切削金属时，切屑、工件与刀具接触过程中，双方的化学元素在固态下相互扩散，改变了材料原来的成分与结构，使刀具表层变得脆弱，从而加剧了刀具的磨损。例如用硬质合金切削钢材时，从 800℃ 开始，硬质合金中的钴便迅速地扩散到切屑、工件中去，碳化钨分解为钨和碳后扩散到钢中。因切屑、工件都在高速运动，故它们和刀具的表面在接触区保持着扩散元素的浓度梯度，从而使扩散现象持续进行。于是，硬质合金表面发生贫碳、贫钨现象。粘接相钴的减少，又使硬质合金中硬质相（WC，TiC）的粘接强度降低，切屑、工件中的铁和碳则向硬质合金中扩散，形成新的低硬度、高脆性的复合碳化物。所有这些，都会使刀具磨损加剧。

硬质合金中，钛元素的扩散率远低于钴、钨，TiC 又不易分解，故在切削钢材时YT 类合金的抗扩散磨损能力优于 YG 类合金，TiC 基、Ti（C，N）基合金和涂层合金（涂覆 TiC 或 TiN）则更佳；硬质合金中添加钽、铌后形成固镕体（W，Ti，Ta，Nb）碳化物也不易扩散，从而提高了刀具的耐磨性。

扩散磨损往往与冷焊磨损、磨料磨损同时产生，此时磨损率很高。前刀面上离切削刃有一定距离处的温度最高，该处的扩散作用最强烈，于是在该处形成月牙洼。高速钢刀具的工作温度较低，与切屑、工件之间的扩散作用进行得比较缓慢，故其扩散磨损所占的比重远小于硬质合金刀具。

用金刚石刀具切削钢、铁材料，当切削温度高于 700 ℃ 时，金刚石中的碳原子将以很大的扩散强度转移到工件表面层形成新的铁碳合金，而刀具表面石墨化，从而形成严重的扩散磨损。但金刚石刀具与钛合金之间的扩散作用较小。

用氧化铝陶瓷和立方氮化硼刀具切削钢材，当切削温度高达 1 000 ℃ ~ 1 300 ℃ 时扩散磨损尚不显著。

4）相变磨损

相变磨损是一种塑性变形磨损或破损。用高速钢刀具切削，当切削温度超过其相变温度时，刀具材料的金相组织就会发生变化，使刀具硬度降低，产生急剧磨损。相变磨损是高速钢刀具磨损的主要原因之一。

5）氧化磨损

当切削温度达到 700 ℃ ~ 800 ℃ 时，空气中的氧便与硬质合金中的钴及碳化钨、碳化钛等发生氧化作用，产生较软的氧化物（如 Co_3O_4、CoO、WO_3、TiO_2 等）被切屑或工件擦掉而形成磨损，这称为氧化磨损。氧化磨损与氧化膜的黏附强度有关，黏附强度越低，则磨损越快；反之则可减轻这种磨损。一般空气不易进入刀具与切屑的接触区，氧化磨损最容易在主、副切削刃的工作边界处形成，在这里的后刀面（有时在前刀面）上划出较深的沟槽，这是造成"边界磨损"的原因之一。

6）热电磨损

工件、切屑与刀具由于材料不同，切削时在接触区产生热电势，这种热电势有促进扩散的作用，从而加速刀具磨损，在这种热电势的作用下产生的扩散磨损称为"热电磨损"。试验证明，若在刀具和工件接触处通以与热电势相反的电动势，则可减少热电磨损。

总之，在不同的工件材料、刀具材料和切削条件下，磨损原因和磨损强度是不同的。对于一定的刀具和工件材料，切削温度对刀具磨损具有决定性的影响。高温时扩散和氧化磨损强度高；在中低温时，冷焊磨损占主导地位；磨料磨损则在不同的切削温度下都存在。

3. 磨损过程及磨钝标准

1）刀具磨损过程

无论何种磨损形式，刀具的磨损过程和一般机器零件的磨损规律相同，如图 2-45 所示，可分为三个阶段：

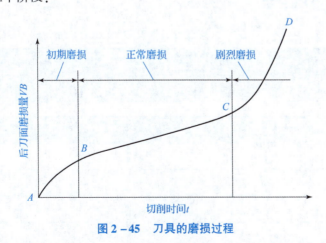

图 2-45 刀具的磨损过程

（1）初期磨损阶段（AB 段）：这一阶段磨损速率大，这是因为新刃磨的刀具后刀面存在凹凸不平、氧化或脱碳层等缺陷，使刀面表层上的材料耐磨性较差。

(2) 正常磨损阶段（BC 段）：经过初期磨损后，刀具后刀面的粗糙表面已经被磨平，承压面积增大，压应力减小，从而使磨损速率明显减小，且比较稳定，即刀具进入正常磨损阶段。

(3) 急剧磨损阶段（CD 段）：当磨损量达到 VB 程度后，摩擦力增大，切削力和切削温度急剧上升，刀具磨损速率增大，以致刀具迅速损坏而失去切削能力。

实际生产中，通常在正常磨损后期、急剧磨损前刃磨和换刀。

2) 刀具的磨钝标准

从刀具磨损过程可见，刀具不可能无休止地使用，磨损量达到一定程度就要重磨和换刀，这个允许的限度称为磨钝标准。由于后刀面磨损最常见，且易于控制和测量，故通常以后刀面中间部分的平均磨损量 VB 作为磨钝标准。当刀具以月牙洼磨损为主要形式时，可用月牙洼深度 KT 规定磨钝标准，而对于一次性对刀的自动化精密加工刀具，则作为指标。根据生产实践的调查资料，硬质合金车刀磨钝标准推荐值见表 2-8。

表 2-8 硬质合金车刀磨损限度　　　　　　　　　　　　mm

加工条件	碳钢及合金钢		铸铁	
	粗车	精车	粗车	精车
VB	1.0~1.4	0.4~0.6	0.8~1.0	0.6~0.8

实际生产中，有经验的操作人员往往凭直观感觉来判断刀具是否已经磨钝。当工件加工表面粗糙度的 Ra 值开始增大，切屑的形状和颜色发生变化，工件表面出现挤亮的带，切削过程产生振动或刺耳噪声等时，都标志着刀具已经磨钝。

2.4.1.5 任务实施

2.4.1.5.1 学生分组

学生分组表 2-7

班级		组号		授课教师	
组长		学号			
组员	姓名	学号		姓名	学号

2.4.1.5.2 完成任务工单

任务工作单

组号：_____ 姓名：_____ 学号：_____ 检索号：__24152-1__

引导问题：
在金属切削加工过程中，分析切削温度的来源。

_____

_____

任务工作单

组号：_____ 姓名：_____ 学号：_____ 检索号：__24152-2__

引导问题：
（1）在金属切削加工过程中影响切削温度的因素有哪些？

_____

_____

（2）阐述加工不同金属材料时刀具磨损的情况。

_____

_____

（3）刀具磨损对工件加工精度有何影响？如何有效控制刀具的磨损？

_____

_____

2.4.1.5.3 合作探究

任务工作单

组号：_____ 姓名：_____ 学号：_____ 检索号：__24153-1__

引导问题：
（1）小组讨论，教师参与，确定任务工作单 24152-1 和 24152-2 的最优解决方案。

_____

_____

（2）每位同学检讨自己存在的不足，并做好记录。

_____

_____

（3）每一组推荐 1 名小组长汇报，再次检讨自己的不足，并记录。

_____

_____

2.4.1.6 评价反馈

任务工作单

组号：_____ 姓名：_____ 学号：_____ 检索号：__2416-1__

自我评价表

班级		组名		日期	年 月 日
评价指标	评价内容			分数/分	分数评定
信息检索能力	能有效利用网络、图书资源查找有用的相关信息等；能将查到的信息有效地传递到工作中			10	
感知学习	是否能在学习中获得满足感、课堂生活的认同感			10	
参与态度、交流沟通	积极主动与教师、同学交流，相互尊重、理解、平等；与教师、同学之间是否能够保持多向、丰富、适宜的信息交流			10	
	能处理好合作学习和独立思考的关系，做到有效学习；能提出有意义的问题或能发表个人见解			10	
知识、能力获得	能分析切削加工时切削温度的来源			10	
	知晓在金属切削加工过程中影响切削温度的因素			10	
	能分析切削温度对刀具耐用度的影响			10	
	知晓刀具磨损对工件加工精度的影响，能有效控制刀具的磨损			10	
辩证思维能力	是否能发现问题、提出问题、分析问题、解决问题、创新问题			10	
自我反思	按时按质地完成任务；较好地掌握知识点；具有较为全面、严谨的思维能力，并能条理清楚、明晰地表达成文			10	
	自评分数				
有益的经验和做法					

任务工作单

组号：_____ 姓名：_____ 学号：_____ 检索号：__2416-2__

小组内互评验收表

验收人组长		组名		日期	年 月 日
组内验收成员					
任务要求	能分析切削加工时，切削温度的来源；知晓在金属切削加工过程中影响切削温度的因素；能分析切削温度对刀具耐用度的影响；知晓刀具磨损对工件加工精度的影响，能有效控制刀具的磨损				

续表

验收人组长		组名	日期	年　月　日
文档验收清单	被评价人完成的 24152-1 任务工作单			
	被评价人完成的 24152-2 任务工作单			
	文献检索目录清单			
验收评分	评分标准		分数/分	得分
	能分析切削加工时切削温度的来源，错一处扣 4 分		20	
	知晓在金属切削加工过程中影响切削温度的因素，错一处扣 4 分		20	
	能分析切削温度对刀具耐用度的影响，错一处扣 4 分		20	
	刀具磨损对工件加工精度的影响，能有效控制刀具的磨损，错一处扣 4 分		20	
	文献检索目录清单，至少 5 份，少一份扣 5 分		20	
	评价分数			
总体效果定性评价				

任务工作单

被评组号：_____　　　检索号：____2416-3____

小组间互评表

班级		评价小组	日期	年　月　日
评价指标	评价内容		分数/分	分数评定
汇报表述	表述准确		15	
	语言流畅		10	
	准确反映该组完成情况		15	
内容正确度	内容正确		30	
	句型表达到位		30	
	互评分数			

二维码 2-32

任务工作单

组号：_____ 姓名：_____ 学号：_____ 检索号：2416-4

任务完成情况评价表

任务名称		刀具磨损原因分析		总得分	
评价依据		学生完成任务后的任务工作单			
序号	任务内容及要求		配分/分	评分标准	教师评价
					结论 | 得分
1	能分析切削加工时切削温度的来源	(1) 阐述清楚	10	错误一处扣2分	
		(2) 语言流畅	10	酌情扣分	
2	知晓在金属切削加工过程中影响切削温度的因素	(1) 分析正确	10	错误不得分	
		(2) 语言流畅	10	酌情扣分	
3	能分析切削温度对刀具耐用度的影响	(1) 分析正确	10	错误不得分	
		(2) 语言流畅	10	酌情赋分	
4	知晓刀具磨损对工件加工精度的影响，能有效控制刀具的磨损	(1) 分析正确	10	错误不得分	
		(2) 语言流畅	10	酌情赋分	
5	文献检索目录清单	(1) 数量	5	错误一个扣2分	
		(2) 参考的内容	5	酌情赋分	
6	素质素养评价	(1) 沟通交流能力	10	酌情赋分，但违反课堂纪律，不听从组长、教师安排，不得分	
		(2) 团队合作			
		(3) 课堂纪律			
		(4) 合作探学			
		(5) 自主研学			

二维码2-33

任务二　耐用度影响因素及其应用

2.4.2.1　任务描述

在切削加工如图 2-1 所示短轴零件外圆表面时，解释刀具切削性能失效的原因；提出有效提高刀具耐用度的措施和方法；提高已加工表面质量的途径和方法。

2.4.2.2　学习目标

1. 知识目标

（1）掌握影响刀具耐用度的因素；
（2）掌握有效提高刀具耐用度的举措和方法；
（3）掌握提高已加工表面质量的举措和方法。

2. 能力目标

（1）能分析刀具失效的原因；
（2）能提出提高刀具耐用度的举措和方法；
（3）能提出提高已加工表面质量的举措和方法。

3. 素养素质目标

（1）培养全方位、多角度、辩证分析和解决问题的能力；
（2）培养成本、效益、质量意识。

2.4.2.3　重难点

1. 重点

影响刀具耐用度的因素。

2. 难点

（1）提高刀具耐用度的有效举措和方法；
（2）提高工件已加工表面质量的有效举措和方法。

2.4.2.4　相关知识链接

生产中不可能经常测量 VB 高度来掌握磨损程度，而是用规定的刀具使用时间作为限定刀具磨损量的标准。

2.4.2.4.1　刀具耐用度的概念

刀具刃磨后，从开始切削到磨损量达到磨钝标准 VB 所经过的切削时间，即两次刃磨之间的总切削时间，用 T 表示，单位为 min。它不包括对刀、夹紧、测量、快进、回程等辅助操作消耗的时间。

刀具耐用度是确定换刀时间的重要依据，同时也是衡量工件材料切削加工性和刀具材料切削性能的优劣，以及刀具几何参数和切削用量的选择是否合理的重要依据。

总之，刀具耐用度是一个具有多种用途的重要参数。

刀具耐用度与刀具寿命的概念不同，所谓刀具寿命是指一把新刀从投入使用到报废为止的总切削时间，其中包含该刀具的多次重磨，因此刀具寿命等于这把刀具的耐用度乘以刃磨次数。

2.4.2.4.2 影响刀具耐用度的因素

1. 切削速度 v_c

提高切削速度 v_c，可使切削温度增高、磨损加剧，从而使刀具耐用度降低。若规定 $VB=0.3$ mm，则通过切削实验，可找出 $v_c - T$ 的函数关系式为

$$v_c = \frac{C}{T^m} \text{ 或 } T^m = \frac{C}{v_c} \qquad (2-29)$$

式中：m——v_c 对 T 的影响程度指数。

m 由切削实验求出，例如在车削碳素钢和灰铸铁时 m 值为：硬质合金焊接车刀 $m=0.2$；硬质合金可转位车刀 $m=0.25\sim0.3$；陶瓷车刀 $m=0.4$。

由式（2-29）可知，若使用硬质合金可转位车刀加工 45 钢，则当 $v_c=100$ m/min 时，$T=60$ min；若 $v_c=150$ m/min，则 $T=12$ min，切削速度增加了 0.5 倍，而刀具耐用度缩短到原来的 1/5。由此可知，切削速度对刀具耐用度的影响是非常显著的。

2. 进给量 f 和背吃刀量 a_p

f 和 a_p 增大，均会使刀具耐用度降低，但 f 增大后，切削温度升高量较多，故对 T 的影响较大；a_p 增大，改善了散热条件，故使切削温度上升少，即对 T 的影响较小。

3. 刀具几何参数

在刀具几何参数中，影响刀具耐用度的因素主要有前角 γ_o、主偏角 κ_r、副偏角 κ_r' 和刀尖圆弧半径 r_ε。增大 γ_o，切削温度降低，刀具耐用度提高，但前角太大，强度低、散热差，刀具耐用度反而会缩短。因此，在一定的加工条件下均有一个最佳前角值，该值可由生产实践和切削实验求得。

减小主偏角 κ_r、副偏角 κ_r' 和刀尖圆弧半径 r_ε 都能起到提高刀具强度和降低切削温度的作用，因此，均有利于延长刀具耐用度。

2.4.2.4.3 刀具耐用度方程式

综合切削用量 v_c、f、a_p 和其他因素对刀具耐用度的影响规律，并经切削实验整理后得到下列计算刀具耐用度的指数方程式：

$$T^m = \frac{C_T}{v_c a_p^{x_T} f^{y_T}} K_T \qquad (2-30)$$

式中：x_T——背吃刀量对刀具耐用度的影响规律指数；

y_T——进给量对刀具耐用度的影响规律指数；

K_T——其他因素对刀具耐用度的修正系数。

实际生产中刀具耐用度对切削加工的生产率和成本都有直接的影响，不能规定得太高或太低。如果定得太高，切削时势必选用较小的切削用量，这就降低了生产率，增加了成本；如果定得太低，虽然允许采用较高的切削速度，使机动时间减少，但会

增加换刀、磨刀或调整机床所用的辅助时间，生产率也会降低，同样会增大成本。所以耐用度应规定得合理。目前生产中常用的刀具耐用度参考值见表2-9。

表2-9　刀具耐用度参考值

刀具类型	刀具耐用度/min	刀具类型	刀具耐用度/min
高速钢车刀、刨刀、镗刀	60	高速钢钻头	80~120
硬质合金焊接车刀	30~60	硬质合金面铣刀	90~180
可转位车刀、陶瓷车刀	15~45	齿轮刀具	200~300
立方氮化硼车刀	120~150	组合机床、自动机床、自动线刀具	240~480
金刚石车刀	600~1 200		

确定刀具耐用度还应考虑以下几点：
（1）复杂的、高精度的、多刃的刀具耐用度应比简单的、低精度的、单刃的刀具高；
（2）可转位刀具因换刀、换刀片快捷，为使切削刃始终处于锋利状态，刀具耐用度可规定得低一些；
（3）精加工刀具切削负荷小，刀具耐用度应比粗加工刀具选得高一些；
（4）精加工大件时，为避免中途换刀，耐用度应选得高一些；
（5）数控加工中，刀具耐用度应大于一个工作班，至少应大于一个零件的切削时间。

目前，数控机床和加工中心所使用的数控刀具，由于使用高性能刀具材料和良好的刀具结构，故能极高地提高切削速度和缩短辅助时间，对于提高生产效率和生产效益起着重要作用。此外，其在刀具上消耗的成本也很低，仅占生产成本的3%~4%。为此，目前数控刀具的耐用度均低于其他刀具，例如，车刀耐用度定为 $T=15$ min。

拓展知识链接2-34

2.4.2.5　任务实施

2.4.2.5.1　学生分组

学生分组表2-8

班级		组号		授课教师	
组长		学号			
组员	姓名	学号	姓名	学号	

2.4.2.5.2 完成任务工单

任务工作单

组号：_____ 姓名：_____ 学号：_____ 检索号：__24252-1__

引导问题：

(1) 说明刀具耐用度的作用。

_____

_____

(2) 刀具耐用度与刀具磨损有何关系？

_____

_____

(3) 影响刀具耐用度的主要因素是什么？生产中确定合理刀具耐用度的依据是什么？

_____

_____

(4) 提出有效提高刀具耐用度的措施和方法。

_____

任务工作单

组号：_____ 姓名：_____ 学号：_____ 检索号：__24252-2__

引导问题：

(1) 解释刀具切削性能失效的原因，判断刀具失效的依据。

_____

_____

(2) 提高已加工表面质量的途径和方法。

_____

_____

2.4.2.5.3 小组讨论

任务工作单

组号：_____ 姓名：_____ 学号：_____ 检索号：__24253-1__

引导问题：

(1) 小组讨论，教师参与，确定任务工作单 24252-1 和 24252-2 的最优解决方案。

_____

_____

(2) 每位同学检讨自己存在的不足，并做好记录。
_____
_____

(3) 每一组推荐 1 名小组长汇报，再次检讨自己的不足，并记录。
_____

2.4.2.6　评价反馈

任务工作单

组号：_____　　姓名：_____　　学号：_____　　检索号：　2426-1

自我评价表

班级		组名		日期	年　月　日
评价指标	评价内容			分数/分	分数评定
信息检索能力	能有效利用网络、图书资源查找有用的相关信息等；能将查到的信息有效地传递到工作中			5	
感知学习	是否能在学习中获得满足感、课堂生活的认同感			5	
参与态度、交流沟通	积极主动与教师、同学交流，相互尊重、理解、平等；与教师、同学之间是否能够保持多向、丰富、适宜的信息交流			5	
	能处理好合作学习和独立思考的关系，做到有效学习；能提出有意义的问题或能发表个人见解			5	
知识、能力获得	能说明刀具耐用度的定义和作用			10	
	能分析刀具耐用度与刀具磨损的关系			10	
	能分析影响刀具耐用度的主要因素及生产中确定合理刀具耐用度的依据			10	
	能分析刀具磨损对工件加工精度的影响，能有效控制刀具的磨损			10	
	能提出有效提高刀具耐用度的措施和方法			10	
	解释刀具切削性能失效的原因，判断刀具失效的依据			10	
	提高已加工表面质量的途径和方法			10	
辩证思维能力	是否能发现问题、提出问题、分析问题、解决问题、创新问题			5	
自我反思	按时按质地完成任务；较好地掌握知识点；具有较为全面、严谨的思维能力，并能条理清楚、明晰地表达成文			5	
自评分数					
有益的经验和做法					

任务工作单

组号：_____ 姓名：_____ 学号：_____ 检索号：__2426－2__

小组内互评验收表

验收人组长		组名		日期	年 月 日
组内验收成员					
任务要求	能说明刀具耐用度的定义和作用；能分析刀具耐用度与刀具磨损的关系；能分析影响刀具耐用度的主要因素及生产中确定合理刀具耐用度的依据；能分析刀具磨损对工件加工精度的影响，能有效控制刀具的磨损；能提出有效提高刀具耐用度的措施和方法；解释刀具切削性能失效的原因，判断刀具失效的依据；提高已加工表面质量的途径和方法；文献检索目录清单					
文档验收清单	被评价人完成的 24252－1 任务工作单				
	被评价人完成的 24252－2 任务工作单				
	文献检索目录清单				
验收评分	评分标准				分数/分	得分
	能说明刀具耐用度的定义和作用，错一处扣 4 分				20	
	能分析刀具耐用度与刀具磨损的关系，错一处扣 2 分				10	
	能分析切削温度对刀具耐用度的影响，错一处扣 2 分				10	
	能分析影响刀具耐用度的主要因素及生产中确定合理刀具耐用度的依据，错一处扣 2 分				10	
	能分析刀具磨损对工件加工精度的影响，能有效控制刀具的磨损				10	
	能提出有效提高刀具耐用度的措施和方法，错一处扣 2 分				10	
	解释刀具切削性能失效的原因，判断刀具失效的依据，错一处扣 2 分				10	
	提高已加工表面质量的途径和方法，错一处扣 2 分				10	
	文献检索目录清单，至少 5 份，少一份扣 5 分				10	
	评价分数					
总体效果定性评价					

任务工作单

被评组号：＿＿＿＿＿＿＿＿＿＿＿＿＿＿　检索号：　2426－3

小组间互评表

班级		评价小组		日期	年　月　日
评价指标		评价内容		分数/分	分数评定
汇报表述		表述准确		15	
		语言流畅		10	
		准确反映该组完成情况		15	
内容正确度		内容正确		30	
		句型表达到位		30	
		互评分数			

任务工作单

组号：＿＿＿＿＿　姓名：＿＿＿＿＿＿　学号：＿＿＿＿＿＿　检索号：　2416－4

任务完成情况评价表

二维码 2－35

任务名称	耐用度影响因素及其应用			总得分		
评价依据	学生完成任务后的任务工作单					
序号	任务内容及要求		配分/分	评分标准	教师评价	
					结论	得分
1	能说明刀具耐用度的定义和作用	（1）阐述清楚	5	错误一处扣2分		
		（2）语言流畅	5	酌情扣分		
2	能分析刀具耐用度与刀具磨损的关系	（1）分析正确	5	错误一处扣2分		
		（2）语言流畅	5	酌情扣分		
3	能分析切削温度对刀具耐用度的影响	（1）分析正确	5	错误一处扣2分		
		（2）语言流畅	5	酌情扣分		
4	能分析影响刀具耐用度的主要因素及生产中确定合理刀具耐用度的依据	（1）分析正确	5	错误一处扣2分		
		（2）语言流畅	5	酌情扣分		

续表

任务名称		耐用度影响因素及其应用		总得分	
评价依据		学生完成任务后的任务工作单			
序号	任务内容及要求		配分/分	评分标准	教师评价
					结论 / 得分
5	能分析刀具磨损对工件加工精度的影响,能有效控制刀具的磨损	(1) 分析正确	5	错误一处扣2分	
		(2) 语言流畅	5	酌情扣分	
6	能提出有效提高刀具耐用度的措施和方法	(1) 分析正确	5	错误一处扣2分	
		(2) 语言流畅	5	酌情扣分	
7	解释刀具切削性能失效的原因,判断刀具失效的依据	(1) 分析正确	5	错误一处扣2分	
		(2) 语言流畅	5	酌情扣分	
8	提高已加工表面质量的途径和方法	(1) 分析正确	5	错误一处扣2分	
		(2) 语言流畅	5	酌情扣分	
9	文献检索目录清单	清单数量	10	缺一个扣2分	
10	素质素养评价	(1) 沟通交流能力	10	酌情赋分,但违反课堂纪律、不听从组长、教师安排,不得分	
		(2) 团队合作			
		(3) 课堂纪律			
		(4) 合作探学			
		(5) 自主研学			

二维码 2-36

模块三 车削加工及车刀应用

项目一 车刀及其应用

任务一 车刀的种类及应用

3.1.1.1 任务描述

加工一批光轴,工件材料为40Cr,加工后表面粗糙度要求达到$Ra3.2\ \mu m$,需通过粗车、半精车两道工序完成其外圆车削,单边总余量为4 mm,使用机床为CA6140,根据已知条件,试选择车刀的种类。

3.1.1.2 学习目标

1. 知识目标

(1) 掌握车刀的种类;
(2) 掌握不同种类车刀的具体应用。

2. 能力目标

(1) 能根据具体的零件形状,选择合适的车刀类型及加工方法;
(2) 能根据具体的零件加工精度,选择合适的车刀类型及加工方法。

3. 素养素质目标

(1) 培养勤于思考、辩证分析问题的意识;
(2) 培养讲规范、守原则的意识;
(3) 培养热爱劳动的意识。

3.1.1.3 重难点

1. 重点

车刀种类的认知。

2. 难点

根据具体零件的形状及加工精度要求,选择合适的车刀类型及加工方法。

3.1.1.4 相关知识链接

车刀是金属切削加工中应用最广的一种刀具,也是研究铣刀、钻头等其他切削刀具的基础。车刀结构简单,用于各种车床上,可加工外圆、内孔、端面、螺纹以及其他成形回转表面,也可用于回转工件的切槽和切断。

车刀的种类很多,按用途可分为外圆车刀、端面车刀、切断刀、螺纹车刀和内孔车刀等,如图3-1所示;按结构又分为整体式、焊接式、机夹式、可转位式和成形车刀等,如图3-2所示。各种结构的车刀类型、特点及用途见表3-1。

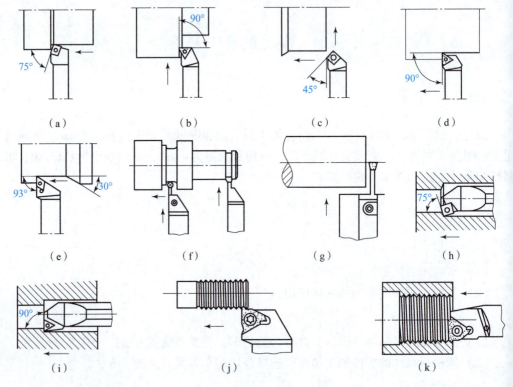

图3-1 车刀类型和用途

(a) 75°弯头外圆车刀;(b) 90°弯头端面车刀;(c) 45°弯头外圆车刀;(d) 90°弯头外圆车刀;(e) 93°弯头仿形车刀;(f) QC系列切槽刀、切断刀;(g) 机夹式切断刀;(h) 75°内孔车刀;(i) 90°内孔车刀;(j) 外螺纹车刀;(k) 内螺纹车刀

二维码3-1

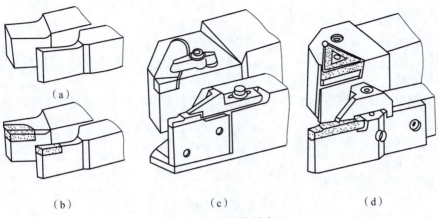

图 3-2 不同结构的车刀

(a) 整体式车刀；(b) 焊接式车刀；(c) 机夹式车刀；(d) 可转位式车刀

表 3-1 车刀结构类型、特点及用途

名称		特点	适用场合
整体式		整体用高速钢制造，刃口可磨得较锋利	小型车床或加工有色金属
焊接式		焊接硬质合金或高速钢刀片，结构紧凑，使用灵活	各类车刀，特别是小刀具
机夹式	机夹重磨式	避免了焊接产生的应力、裂纹等缺陷，刀杆利用率高，刀片可集中刃磨获得所需参数，使用灵活方便	外圆、端面、镗孔、切断、螺纹车刀等
	机夹可转位式	避免了焊接刀的缺点，刀片可快换转位，生产效率高，断屑稳定，可使用涂层刀片	大中型车床加工外圆、端面、镗孔，特别适于自动线、数控机床

3.1.1.5 任务实施

3.1.1.5.1 学生分组

学生分组表 3-1

班级		组号		授课教师	
组长		学号			
组员	姓名		学号	姓名	学号

3.1.1.5.2 完成任务工单

任务工作单

组号：_____　姓名：_____　学号：_____　检索号：<u>31152-1</u>

引导问题：

（1）试分析该光轴零件加工时，应该选择什么类型的车刀，并说明选择的依据。

_____

_____

3.1.1.5.3 合作探究

任务工作单

组号：_____　姓名：_____　学号：_____　检索号：<u>31153-1</u>

引导问题：

（1）小组讨论，教师参与，确定任务工作单 31152-1 的最优答案，并检讨自己存在的不足。

_____

_____

（2）每组推荐一个小组长，进行汇报。根据汇报情况，再次检讨自己的不足。

_____

_____

3.1.1.6 评价反馈

任务工作单

组号：_____　姓名：_____　学号：_____　检索号：<u>3116-1</u>

自我评价表

班级		组名		日期	年 月 日
评价指标	评价内容			分数/分	分数评定
信息检索能力	能有效利用网络、图书资源查找有用的相关信息等；能将查到的信息有效地传递到工作中			15	
感知学习	是否能在学习中获得满足感、课堂生活的认同感			15	
参与态度、交流沟通	积极主动与教师、同学交流，相互尊重、理解、平等；与教师、同学之间是否能够保持多向、丰富、适宜的信息交流			15	
	能处理好合作学习和独立思考的关系，做到有效学习；能提出有意义的问题或能发表个人见解			15	
知识、能力获得	能在分析光轴零件加工时，知晓应该选择什么类型的车刀，并说明选择的依据			15	

续表

班级		组名		日期	年　月　日
评价指标		评价内容		分数/分	分数评定
辩证思维能力		是否能发现问题、提出问题、分析问题、解决问题、创新问题		15	
自我反思		按时按质地完成任务；较好地掌握知识点；具有较为全面、严谨的思维能力，并能条理清楚、明晰地表达成文		10	
		自评分数			
有益的经验和做法					

任务工作单

组号：_____　姓名：_____　学号：_____　检索号：__3116-2__

小组内互评验收表

验收人组长		组名		日期	年　月　日
组内验收成员					
任务要求		能在分析光轴零件加工时，知晓应该选择什么类型的车刀，并说明选择的依据；文献检索目录清单			
文档验收清单		被评价人完成的31152-1任务工作单			
		文献检索目录清单			
		评分标准		分数/分	得分
验收评分		能在分析光轴零件加工时，知晓应该选择什么类型的车刀，并说明选择的依据，错一处扣10分		70	
		文献检索目录清单，至少5份，少一份扣6分		30	
		评价分数			
总体效果定性评价					

任务工作单

被评组号：_____　　　　　　　　检索号：__3116-3__

小组间互评表

班级		评价小组		日期	年　月　日
评价指标		评价内容		分数/分	分数评定
汇报表述		表述准确		15	
		语言流畅		10	
		准确反映该组完成情况		15	

续表

班级		评价小组	日期	年 月 日
评价指标	评价内容		分数/分	分数评定
内容正确度	内容正确		30	
	句型表达到位		30	
	互评分数			

二维码 3-2

任务工作单

组号：_____ 姓名：_____ 学号：_____ 检索号：3116-4

任务完成情况评价表

任务名称		车刀的种类及应用		总得分	
评价依据		学生完成任务后的任务工作单			
序号	任务内容及要求		配分/分	评分标准	教师评价	
					结论	得分
1	能在分析光轴零件加工时，知晓应该选择什么类型的车刀，并说明选择的依据	（1）阐述清楚	60	错误一处扣10分		
		（2）语言流畅	10	酌情扣分		
2	文献检索目录清单	清单数量	10	缺一个扣2分		
3	素质素养评价	（1）沟通交流能力	20	酌情赋分，但违反课堂纪律，不听从组长、教师安排，不得分		
		（2）团队合作				
		（3）课堂纪律				
		（4）合作探学				
		（5）自主研学				

二维码 3-3

任务二　车刀的结构认知

3.1.2.1　任务描述

在前一个任务中，已经明确了加工光轴零件车刀的类型，请分析说明各类刀具的结构形式，并说明它们各自的用途。

3.1.2.2　学习目标

1. 知识目标
(1) 掌握车刀的结构形式；
(2) 掌握不同结构车刀的具体应用。

2. 能力目标
能根据具体的零件加工要求和经济性，选择合适的车刀类型及加工方法。

3. 素养素质目标
(1) 培养勤于思考、分析问题的意识；
(2) 培养理论联系实际的工作作风。

3.1.2.3　重难点

1. 重点
车刀结构的认知。

2. 难点
根据具体的零件加工要求和经济性，选择合适的车刀类型及加工方法。

3.1.2.4　相关知识链接

根据车刀结构的不同，车刀可以分为整体式、焊接式和机夹式三种。

整体式车刀一般用高速钢制造，又称"白钢刀"，形状为长条形，截面为正方形或矩形，使用时可根据需要将切削部分刃磨成各种角度和形状。

1. 焊接式车刀

焊接式车刀是将一定形状的刀片钎焊在刀杆槽内的车刀。一般刀片选用硬质合金，刀杆用碳素结构钢（45钢）制造。

硬质合金焊接车刀的优点是结构简单、制造方便，可以根据需要进行刃磨，使用灵活，刀具刚性好，硬质合金利用较充分，故应用较为广泛。

硬质合金焊接车刀的主要缺点是，其切削性能主要取决于工人刃磨的技术水平，与现代化生产不相适应。此外，刀杆不能重复使用，当刀片磨完或崩坏后，刀杆也随之报废造成浪费。在制造工艺上，由于硬质合金刀片和刀杆材料的线膨胀系数不同，焊接时易产生热应力，当焊接工艺不合理时易导致硬质合金产生裂纹。另外，还可能出现刃磨热应力和裂纹等。

焊接车刀的质量取决于刀片的选择、刀杆与刀槽的形状和尺寸、焊接工艺和刃磨质量等。

2. 机夹式车刀

1) 机夹可重磨式车刀

机夹可重磨式车刀,是用机械加固的方法,将预先刃磨好的刀片固定在刀杆上。这种车刀是针对硬质合金焊接车刀的缺陷而出现的。与硬质合金焊接车刀相比,机夹可重磨式车刀有很多优点,如刀片不经高温焊接,避免了因焊接引起的刀片硬度下降和产生裂纹等缺陷,延长了刀具的寿命;刀杆可以多次重复使用,使刀杆材料利用率大大提高,刀杆成本下降;刀片用钝后可多次刃磨,不能使用时还可以回收。缺点是在使用过程中仍需刃磨,不能完全避免由于刃磨而引起的热应力和裂纹;其切削性能仍取决于工人刃磨的技术水平;刀杆制造复杂。

机夹可重磨式车刀没有标准化,结构形式很多。目前常用的机夹可重磨式车刀有切断车刀、切槽车刀、螺纹车刀等。常用机夹式车刀的夹紧结构有上压式、自锁式、弹性压紧式,如图3-3所示。按国标生产的机夹式切断车刀、内、外螺纹车刀都采用上压式,如图3-4所示。机夹可重磨式车刀一般都采用V形槽底的刀片,以防止切削受力后刀片发生转动。

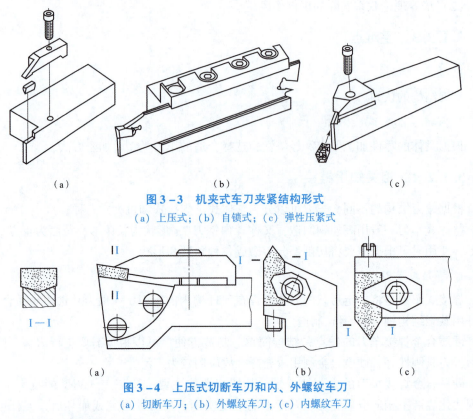

图3-3 机夹式车刀夹紧结构形式
(a) 上压式;(b) 自锁式;(c) 弹性压紧式

图3-4 上压式切断车刀和内、外螺纹车刀
(a) 切断车刀;(b) 外螺纹车刀;(c) 内螺纹车刀

2) 机夹可转位车刀

可转位车刀是使用可转位硬质合金刀片的机夹车刀,如图3-5所示,刀垫3和刀

片5套装在刀杆6的夹紧机构上，将刀片5压向支撑面而紧固。

可转位车刀刀片和焊接式车刀刀片不同，它是由硬质合金厂压模成形，使刀片具有供切削时选用的几何参数（不需刃磨）；刀片为多边形，每条边都可作为切削刃，当一条切削刃用钝后，松开夹紧装置，将刀片转位调换到另一条切削刃，夹紧后即可继续切削，直到刀片上所有切削刃都用钝后才需更换刀片。

可转位车刀除了具有焊接式和机夹式车刀的优点外，还具有无须刃磨、可转位和更换切削刃简捷、几何参数稳定等特点，完全避免了因焊接与刃磨引起的热效应和热裂纹。其几何参数完全由刀片和刀杆上的刀槽保证，不受工人技术水平的影响，因此切削性能稳定，切削效率高，有利于合理使用硬质合金和新型复合材料，且利于刀片和刀杆的专业化生产等，很适合现代化生产要求。实践证明，可转位车刀比焊接车刀效率可提高0.5~1倍。一把可转位车刀刀杆可使用80~200个刀片，刀杆材料消耗仅为焊接车刀的3%~5%。由于无须重磨，故可采用涂层刀片，对数控车床更为有利，并为世界各国广泛采用，是刀具发展的重要方向。可转位车刀的应用与日俱增，但由于刃形与几何参数受到刀具结构和工艺限制，故还不能完全取代焊接式车刀和机夹式车刀。

可转位车刀夹紧机构的选择和设计是否合理，将直接影响其使用效果，应力求刀片转位和更换新片简便迅速，转位后重复定位精度高，结构简单，夹固牢靠，夹紧元件制造工艺性良好，且尽量不外露，以免妨碍切屑流出。

可转位车刀与机夹式车刀虽同属机械夹固方式，但它多利用刀片上的孔进行夹固，因此夹紧机构有其独特之处。

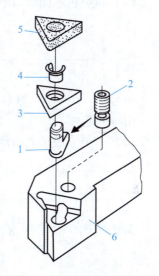

图 3-5 可转位车刀的组成
1—杠杆；2—螺杆；3—刀垫；
4—卡簧；5—刀片；6—刀杆

3.1.2.5 任务实施

3.1.2.5.1 学生分组

学生分组表 3-2

班级		组号		授课教师	
组长		学号			
组员	姓名	学号		姓名	学号

3.1.2.5.2　完成任务工单

任务工作单

组号：_____　姓名：_____　学号：_____　检索号：　31252-1

引导问题：

(1) 试分析不同结构形式的车刀加工零件时的优缺点。

_____

_____

任务工作单

组号：_____　姓名：_____　学号：_____　检索号：　31252-2

引导问题：

(1) 若要完成该光轴零件的加工，选择哪种结构形式的车刀较好？并说明原因。

_____

_____

3.2.5.3　合作探究

任务工作单

组号：_____　姓名：_____　学号：_____　检索号：　31253-1

引导问题：

(1) 小组讨论，教师参与，确定任务工作单 31252-1 和 31252-2 的最优答案并检讨自己存在的不足。

_____

_____

(2) 每组推荐一个小组长，进行汇报。根据汇报情况，再次检讨自己的不足。

_____

_____

3.1.2.6　评价反馈

任务工作单

组号：_____　姓名：_____　学号：_____　检索号：　3126-1

自我评价表

班级		组名		日期	年　月　日
评价指标	评价内容			分数/分	分数评定
信息检索能力	能有效利用网络、图书资源查找有用的相关信息等；能将查到的信息有效地传递到工作中			10	

续表

班级		组名	日期	年 月 日
评价指标	评价内容		分数/分	分数评定
感知学习	是否能在学习中获得满足感、课堂生活的认同感		10	
参与态度、交流沟通	积极主动与教师、同学交流,相互尊重、理解、平等;与教师、同学之间是否能够保持多向、丰富、适宜的信息交流		10	
	能处理好合作学习和独立思考的关系,做到有效学习;能提出有意义的问题或能发表个人见解		10	
知识、能力获得	能分析不同结构形式车刀加工零件时的优缺点		20	
	光轴零件加工时,能正确选择最合适结构形式的车刀,并能说明原因		20	
辩证思维能力	是否能发现问题、提出问题、分析问题、解决问题、创新问题		10	
自我反思	按时按质地完成任务;较好地掌握知识点;具有较为全面、严谨的思维能力并能条理清楚、明晰地表达成文		10	
	自评分数			
有益的经验和做法				

任务工作单

组号:_____   姓名:_____   学号:_____   检索号:___3126-2___

小组内互评验收表

验收人组长		组名	日期	年 月 日
组内验收成员				
任务要求	能分析不同结构形式的车刀加工零件时的优缺点;光轴零件加工时,能正确选择最合适结构形式的车刀,并能说明原因			
文档验收清单	被评价人完成的 31252-1 任务工作单			
	被评价人完成的 31252-2 任务工作单			
	文献检索目录清单			
	评分标准		分数/分	得分
验收评分	能分析不同结构形式的车刀加工零件时的优缺点,错一处扣 5 分		35	
	光轴零件加工时,能正确选择最合适结构形式的车刀,并能说明原因,错一处扣 5 分		35	
	文献检索目录清单,至少 5 份,少一份扣 6 分		30	
	评价分数			
总体效果定性评价				

任务工作单

被评组号：_____　　　　检索号：__3126-3__

小组间互评表

班级		评价小组	日期	年　月　日
评价指标	评价内容		分数/分	分数评定
汇报表述	表述准确		15	
	语言流畅		10	
	准确反映该组完成情况		15	
内容正确度	内容正确		30	
	句型表达到位		30	
	互评分数			

二维码3-5

任务工作单

组号：_____　姓名：_____　学号：_____　检索号：__3126-4__

任务完成情况评价表

任务名称		车刀的结构的认识		总得分		
评价依据		学生完成任务后的任务工作单				
序号	任务内容及要求		配分/分	评分标准	教师评价	
					结论	得分
1	能分析不同结构形式的车刀加工零件时的优缺点	（1）阐述清楚	30	错误一处扣5分		
		（2）语言流畅	5	酌情扣分		
2	光轴零件加工时，能正确选择最合适结构形式的车刀，并能说明原因	（1）阐述清楚	30	错误一处扣5分		
		（2）语言流畅	5	酌情扣分		
3	文献检索目录清单	清单数量	10	缺一个扣2分		
4	素质素养评价	（1）沟通交流能力	20	酌情赋分，但违反课堂纪律，不听从组长、教师安排，不得分		
		（2）团队合作				
		（3）课堂纪律				
		（4）合作探学				
		（5）自主研学				

任务三 车削方法应用

3.3.1 任务描述

在加工任务一提到的光轴零件时,要把选定的车刀安装在刀架上,请说明具体的安装方法和注意事项。

3.3.2 学习目标

1. 知识目标

(1) 掌握车刀安装的注意事项;
(2) 掌握常用车刀的安装方法。

2. 能力目标

能根据具体的零件,进行车刀的安装及对刀操作;

3. 素养素质目标

(1) 培养勤于思考、分析问题的意识;
(2) 培养规范意识和安全意识;
(3) 培养热爱劳动的意识。

3.3.3 重难点

1. 重点

车刀安装及对刀操作。

2. 难点

能根据具体的零件,进行车刀的安装及对刀操作。

3.3.4 相关知识链接

1. 车刀安装注意事项

(1) 车刀装夹在刀架上,伸出不宜过长,因为刀杆伸出过长,切削时刚性较差,容易产生振动,影响工件表面质量,甚至损坏车刀。因此在不影响观察和切削的前提下,车刀的伸出长度一般以不超过刀杆厚度的1.5倍为宜。

(2) 车刀下面的垫片要平整,数量尽量少,应以少量的厚垫片代替较多的薄垫片,以防止车削时车刀产生振动,并且安装时垫片应与刀架边缘对齐。

(3) 车刀至少要用两个螺钉压紧在刀架上,并交替逐个旋紧。旋紧时用力不得过大,以防损坏螺钉。

(4) 车刀刀尖一般应与工件旋转中心等高。

(5) 车刀刀杆轴线一般与进给方向垂直或平行。

图3-6所示为车刀安装的一些常见错误。

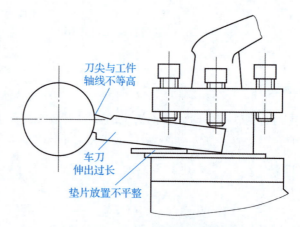

图 3-6 车刀安装的一些常见错误

2. 常用车刀的安装

常用的 45°弯头车刀、90°弯头车刀、切槽刀等车刀安装时除了要满足以上要求外，还需注意以下情况。

1) 45°弯头车刀的安装

45°弯头车刀有两个刀尖，一个用于车削工件外圆，另一个用于车削工件端面。另外主、副切削刃在需要时可做左、右倒角，如图 3-7 所示。

当用于车端面时，45°车刀的刀尖必须严格与工件旋转中心等高，否则在车至端面中心时会留有小凸台，特别是刀尖低于工件中心时，车至端面中心易使刀尖崩碎，如图 3-8 所示。

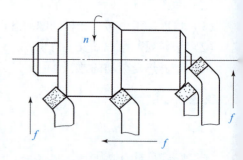

图 3-7 45°弯头外圆车刀的使用

2) 90°弯头车刀的安装

用 90°弯头车刀可车端面和车台阶。车削阶梯轴时，如图 3-9 所示，可通过安装调整主偏角的大小。粗车时为了增大切削深度、减小刀尖压力，车刀安装取主偏角 85°~90°为宜；精车时为了保证台阶面和轴心线的垂直，应取主偏角大于 90°（92°~94°为宜）。

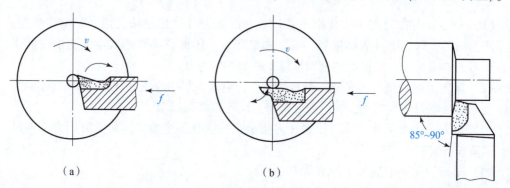

图 3-8 刀尖安装位置的高低对车端面的影响
(a) 小凸台；(b) 刀尖崩碎

图 3-9 90°弯头车刀车阶梯轴

3）切槽刀与螺纹刀具的安装

安装切槽刀或螺纹车刀时需注意以下几点：

（1）刀具的中心线必须与工件轴线垂直，以保证两个副偏角对称。其主切削刃必须与工件轴线平行，否则车成的槽底成锥状。

（2）用切断刀切断实心工件时，主切削刃必须与工件回转中心等高，否则不能切至中心，而且易崩刃。

3.1.3.5　任务实施

3.1.3.5.1　学生分组

学生分组表 3-3

班级		组号		授课教师	
组长		学号			
组员	姓名	学号	姓名	学号	

3.1.3.5.2　完成任务工单

任务工作单

组号：_____　姓名：_____　学号：_____　检索号：__31352-1__

引导问题：

车刀在安装时应该注意哪些事项？

_____

_____

任务工作单

组号：_____　姓名：_____　学号：_____　检索号：__31352-2__

引导问题：

（1）若要完成该光轴零件的加工，应该完成哪些准备工作？

_____

_____

(2) 若要完成该光轴零件的加工，应如何进行对刀？

_____

_____

_____

3.1.3.5.3 合作探究

任务工作单

组号：_____ 姓名：_____ 学号：_____ 检索号：__31353 – 1__

引导问题：

(1) 小组讨论，教师参与，确定任务工作单 31352 – 1 和 31352 – 2 的最优答案并检讨自己存在的不足。

_____

_____

_____

_____

(2) 每组推荐一个小组长，进行汇报。根据汇报情况，再次检讨自己的不足。

_____

_____

_____

3.1.3.6 评价反馈

任务工作单

组号：_____ 姓名：_____ 学号：_____ 检索号：__3136 – 1__

自我评价表

班级		组名		日期	年　月　日
评价指标	评价内容			分数/分	分数评定
信息检索能力	能有效利用网络、图书资源查找有用的相关信息等；能将查到的信息有效地传递到工作中			10	
感知学习	是否能在学习中获得满足感、课堂生活的认同感			10	
参与态度、交流沟通	积极主动与教师、同学交流，相互尊重、理解、平等；与教师、同学之间是否能够保持多向、丰富、适宜的信息交流			10	
	能处理好合作学习和独立思考的关系，做到有效学习；能提出有意义的问题或能发表个人见解			10	

续表

班级		组名		日期	年　月　日	
评价指标		评价内容		分数/分	分数评定	
知识、能力获得		知晓车刀安装注意事项，能正确安装车刀		10		
		完成光轴零件的车削加工，能做好前期准备工作		15		
		能进行零件加工时的正确对刀		15		
辩证思维能力		是否能发现问题、提出问题、分析问题、解决问题、创新问题		10		
自我反思		按时按质地完成任务；较好地掌握知识点；具有较为全面、严谨的思维能力，并能条理清楚、明晰地表达成文		10		
		自评分数				
有益的经验和做法						

任务工作单

组号：_____　姓名：_____　学号：_____　检索号：　3136-2

小组内互评验收表

验收人组长		组名		日期	年　月　日
组内验收成员					
任务要求	知晓车刀安装注意事项，能正确安装车刀；完成光轴零件的车削加工，能做好前期准备工作；能进行零件加工时的正确对刀				
文档验收清单	被评价人完成的 31352-1 任务工作单				
	被评价人完成的 31352-2 任务工作单				
	文献检索目录清单				
	评分标准			分数/分	得分
验收评分	知晓车刀安装注意事项，能正确安装车刀，错一处扣5分			25	
	完成光轴零件的车削加工，能做好前期准备工作，错一处扣5分			25	
	能进行零件加工时的正确对刀，错一处扣5分			25	
	文献检索目录清单，至少5份，少一份扣5分			25	
	评价分数				
总体效果定性评价					

任务工作单

被评组号：_____　　检索号：　3136－3

小组间互评表

班级		评价小组		日期	年　月　日
评价指标		评价内容		分数/分	分数评定
汇报表述		表述准确		15	
		语言流畅		10	
		准确反映该组完成情况		15	
内容正确度		内容正确		30	
		句型表达到位		30	
		互评分数			

二维码3-7

任务工作单

组号：_____　姓名：_____　学号：_____　检索号：　3136－4

任务完成情况评价表

任务名称		车削方法应用		总得分		
评价依据		学生完成任务后的任务工作单				
序号	任务内容及要求		配分/分	评分标准	教师评价	
					结论	得分
1	知晓车刀安装注意事项，能正确安装车刀	注意事项描述	15	错误一处扣3分		
		刀具正确安装步骤	15	错误一处扣3分		
2	完成光轴零件的车削加工，能做好前期准备工作	准备事项描述	15	错误一处扣3分		
		要点分析	15	错误一处扣3分		
3	能进行零件加工时的正确对刀	对刀步骤描述	20	错误一处扣3分		
4	文献检索目录清单	清单数量	10	缺一个扣2分		

续表

任务名称	车削方法应用			总得分		
评价依据	学生完成任务后的任务工作单					
序号	任务内容及要求		配分/分	评分标准	教师评价	
					结论	得分
5	素质素养评价	(1) 沟通交流能力	10	酌情赋分，但违反课堂纪律，不听从组长、教师安排，不得分		
		(2) 团队合作				
		(3) 课堂纪律				
		(4) 合作探学				
		(5) 自主研学				

二维码3-8

项目二 车刀及其切削参数选用

任务一 车刀刀片及刀杆选用

3.2.1.1 任务描述

在进行该光轴零件加工时,如何选择适合的刀具;分析说明车刀的刀片及刀杆选择对切削加工受力以及加工质量的重要性。

3.2.1.2 学习目标

1. 知识目标

(1) 掌握车刀的刀片类型及选择;
(2) 掌握车刀刀杆的形式及应用。

2. 能力目标

能根据具体的零件形状和加工要求,选择合适的车刀刀片类型及刀杆形式。

3. 素养素质目标

(1) 培养勤于思考、分析问题的意识;
(2) 培养理论联系实际、热爱劳动的工作作风。

3.2.1.3 重难点

1. 重点

车刀刀片以及刀杆形式的认知。

2. 难点

根据具体零件的形状及加工精度要求,选择合适的车刀刀片类型及刀杆形式。

3.2.1.4 相关知识链接

焊接车刀的质量取决于刀片的选择、刀杆与刀槽的形状和尺寸、焊接工艺和刃磨质量等。

1. 硬质合金焊接车刀刀片的选择

硬质合金刀片除正确选择材料的牌号以外,还应合理选择刀片的型号。我国目前采用的硬质合金焊接刀片分为 A、B、C、D、E 五种型式,A 型为车刀、镗刀片,B 型为成形刀片,C 型为螺纹、切断、切槽刀片,D 型为铣刀片,E 型为孔加工刀片。刀片型号由表示刀片形式的大写字母和三个数字组成。第一个字母和第一位数字表示刀片形状,后面两位数字表示刀片的主要尺寸。当刀片长度参数 L 相同,其他参数如宽度、厚度不同时，则在型号后面加 A 或 B 以示区别；当刀片分左、右向切削时，在型号后面加 Z 表示左向切削，右向切削可省略不写。

选择刀片型号时，刀片形状主要根据车刀用途和主偏角来选择。刀片长度 L 尺寸主要根据背吃刀量和主偏角决定。外圆车刀一般应使参加工作的切削刃长度不超过刀片长度的 60%~70%，刀片宽度 t 在切削空间允许时可选择较宽值，以增大支撑面积和重磨次数。刀片厚度 s 主要取决于切削力的大小，切削力越大，刀片厚度 s 须相应增大。对于切断刀和切槽刀用的刀片宽度 t，应根据槽宽或切断刀宽度来选取。切断刀宽可按 $t = 0.6\sqrt{d_w}$ 估算（d_w 为工件直径）。

二维码 3-9

2. 刀槽形状的选择

刀杆上应根据采用的刀片形状和尺寸开出刀槽，如图 3-10 所示，应在焊接强度和制造工艺允许的条件下尽可能选用焊接面少的刀槽形状，因为焊接面多，焊接后刀片产生的内应力较大，容易产生裂纹。

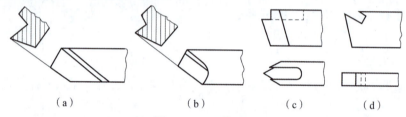

图 3-10 刀槽形式
(a) 开口槽；(b) 半封闭槽；(c) 封闭槽；(d) 切口槽

开口槽制造简单，但焊接面积小，适用于 A1 型矩形刀片；半封闭槽焊接后刀片牢固，适用于带圆弧的 A2、A3 等型刀片；封闭槽能增加焊接面积，强度高，但焊接应力大，适合于焊接面积相对较小的 C1 等型刀片。切口槽增大了焊接面积，提高了接合强度，适合于 A1、C3 等型刀片。

刀槽尺寸可通过计算求得，通常可按刀片配置。为了便于刃磨，要使刀片露出刀槽 0.5~1 mm。一般取刀槽前角 $\gamma_{og} = \gamma_o + 5° \sim 10°$，刀片在刀槽中的安放位置如图 3-11 所示，以减少刃磨前面的工作量。刀杆后角 α_{og} 要比后角 α_o 大 2°~4°，以便于刃磨刀片，提高刃磨质量。

图 3-11 刀片在刀槽中的安放位置

3. 车刀刀杆与刀头形状和尺寸

焊接车刀刀杆常用中碳钢制造，截面有矩形、方形和圆形三种。普通车床多采用矩形截面，当切削力较大时（尤其是进给力较大时），可采用方形截面。圆形刀杆多用于内孔车刀。矩形和正方形刀杆的截面尺寸一般可按机床中心高查表选取，见表 3-2。刀杆长度可按刀杆高度 H 的 6 倍左右估算，并选用标准尺寸系列，如 100 mm、125 mm、150 mm、175 mm 等。切断车刀工作部分的长度需大于工件的半径，内孔车刀的刀杆长度需大于工件孔深。

表 3-2 常用车刀刀杆截面尺寸

机床中心高/mm	150	180~200	260~300	350~400
正方形刀柄断面 H^2/mm^2	16^2	20^2	25^2	30^2
矩形刀柄断面 $B \times H/\text{mm}$	12×20	16×25	20×30	25×40

刀头形状可分为直头和弯头两种，如图 3-12 所示。直头结构简单，制造方便；弯头通用性好，能车外圆和端面。刀头结构尺寸见相关手册。

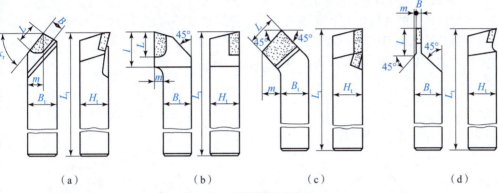

(a)　　　　　(b)　　　　　(c)　　　　　(d)

图 3-12 常用焊接式车刀

(a) 直头外圆车刀；(b) 90°弯头外圆车刀；(c) 45°弯头车刀；(d) 切断车刀

4. 机夹可转位车刀

可转位刀片和焊接式车刀的刀片不同，它是由硬质合金厂压模成形，使刀片具有供切削时选用的几何参数（不需刃磨），刀片为多边形，每条边都可作为切削刃。当一条切削刃用钝后，松开夹紧装置，将刀片转位调换到另一条切削刃，夹紧后即可继续切削，直到刀片上所有切削刃都用钝后才需要更换刀片。

1) 可转位刀片

按照可转位硬质合金刀片的标记方法（GB/T 2076—2007），刀片的型号由代表一定意义的字母和数字代号按一定顺序排列组成，共有十个号位，每个号位的含义见表 3-3。任一刀片都必须标记前七个号位，后三个号位在必要时才使用。

表 3-3 可转位刀片的型号与表达特性

号位	1	2	3	4	5	6	7	8	9	10
表达特性	刀片形状	法向后角	精度等级	刀片固定方式和有无断屑槽	切削刃长度	刀片厚度	刀尖圆弧半径	刃口形式	切削方向	断屑槽型与宽度
表达方法	每个号位用一个英文字母				两位阿拉伯数字（所表示参数的整数部分，不够两位的前面加0）	两位阿拉伯数字（舍去小数点后的参数）	一个英文字母			一个英文字母和一位阿拉伯数字（宽度的整数部分）

号位	1	2	3	4	5	6	7	8	9	10
举例	T 三角形	A 3°	M 中等	N 无断屑槽 和中心 固定孔	15 15 mm	06 6 mm	12 1.2 mm	F 锋刃	R 右切	A3 开口式 断屑槽 （宽 3 mm）

2）可转位车刀刀槽角度的计算

可转位车刀的几何角度是靠压制成一定几何角度的可转位刀片，安装在专门设计的刀杆的刀槽上而形成的。因此，可转位车刀的几何角度是由可转位刀片的几何角度和刀杆刀槽角度共同组合形成的，如图 3-13 所示。

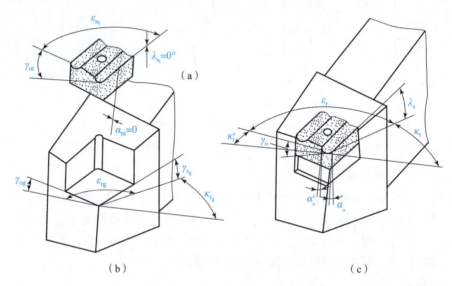

图 3-13 可转位车刀几何角度形成
(a) 刀片角度；(b) 刀槽角度；(c) 车刀角度

刀片角度是以刀片底面为基准度量的，安装到车刀上相当于法平面参考系角度。刀片的独立角度有刀片法前角 γ_{nt}、刀片法后角 α_{nt}、刀片刃倾角 λ_{st}、刀片刀尖角 ε_{nt}。常用的刀片 $\alpha_{nt}=0°$，$\lambda_{st}=0°$。

刀槽角度以刀柄底面为基面度量，相当于正交平面参考系角度。刀槽的独立角度有刀槽前角 γ_{o_g}、刀槽刃倾角 λ_{sg}、刀槽主偏角 κ_{rg}、刀槽刀尖角 ε_{rg}。通常刀槽设计成 $\varepsilon_{rg}=\varepsilon_r$，$\kappa_{rg}=\kappa_r$。

目前，可转位刀片已经标准化，一般不再重磨，故刀片角度是固定的。而车刀的合理几何角度则随加工条件而变化，为了用固定的刀片获得不同的车刀角度，主要需进行刀槽角度的设计计算。由于刀片形状的限制，可转位车刀基本角度的合理值不能同时得到满足（这也是它的缺点之一）。因此，设计时必须根据具体情况，满足其中一些主要角度，然后对其他角度进行校验，当校验的角度不能满足要求时，还要进行适当的调整，重新计算。通常先按加工条件选定车刀合理的前角 γ_o、主偏角 κ_r 和刃倾角 λ_s，求出相应的刀槽角度前角 γ_{og}、主偏角 κ_{rg}、刃倾角 λ_{sg}、副偏角 κ'_{rg}，然后验算车刀的后角 α_o 和副后角 α'_o。

3.2.1.5 任务实施

3.2.1.5.1 学生分组

学生分组表 3-4

班级		组号		授课教师	
组长		学号			
组员	姓名	学号	姓名	学号	

3.2.1.5.2 完成任务工单

任务工作单

组号：_____ 姓名：_____ 学号：_____ 检索号：__32152-1__

引导问题：

（1）车刀刀片以及刀杆形式对切削的影响有哪些？

_____

_____

_____

任务工作单

组号：_____ 姓名：_____ 学号：_____ 检索号：__32152-2__

引导问题：

（1）完成该光轴零件的加工，应该选择怎样的刀片形状以及刀具的几何参数？

_____

_____

_____

(2) 不同的刀片形状以及刀杆形式对切削加工有何影响？

_____

_____

_____

3.2.1.5.3 合作探究

任务工作单

组号：_____ 姓名：_____ 学号：_____ 检索号：__32153 – 1__

引导问题：

(1) 小组讨论，教师参与，确定任务工作单 32152 – 1 和 32152 – 2 的最优答案，并检讨自己存在的不足。

_____

_____

_____

(2) 每组推荐一个小组长，进行汇报。根据汇报情况，再次检讨自己的不足。

_____

_____

_____

_____

3.2.1.6 评价反馈

任务工作单

组号：_____ 姓名：_____ 学号：_____ 检索号：__3216 – 1__

自我评价表

班级		组名		日期	年　月　日
评价指标	评价内容			分数/分	分数评定
信息检索能力	能有效利用网络、图书资源查找有用的相关信息等；能将查到的信息有效地传递到工作中			10	
感知学习	是否能在学习中获得满足感、课堂生活的认同感			10	
参与态度、交流沟通	积极主动与教师、同学交流，相互尊重、理解、平等；与教师、同学之间是否能够保持多向、丰富、适宜的信息交流			10	
	能处理好合作学习和独立思考的关系，做到有效学习；能提出有意义的问题或能发表个人见解			10	

续表

学习笔记

班级		组名	日期	年 月 日
评价指标		评价内容	分数/分	分数评定
知识、能力获得		能分析车刀刀片以及刀杆形式对切削的影响	10	
		完成给定光轴零件加工时，能正确选择刀片形状以及刀具的几何参数	15	
		能分析不同的刀片形状以及刀杆形式对切削加工的影响	15	
辩证思维能力		是否能发现问题、提出问题、分析问题、解决问题、创新问题	10	
自我反思		按时按质地完成任务；较好地掌握知识点；具有较为全面、严谨的思维能力，并能条理清楚、明晰地表达成文	10	
		自评分数		
有益的经验和做法				

任务工作单

组号：_____   姓名：_____   学号：_____   检索号：__3216-2__

小组内互评验收表

验收人组长		组名	日期	年 月 日
组内验收成员				
任务要求		能分析车刀刀片以及刀杆形式对切削的影响；完成给定光轴零件加工时，能正确选择刀片形状以及刀具的几何参数；能分析不同的刀片形状以及刀杆形式对切削加工的影响		
文档验收清单		被评价人完成的 32152-1 任务工作单		
		被评价人完成的 32152-2 任务工作单		
		文献检索目录清单		
验收评分		评分标准	分数/分	得分
		能分析车刀刀片以及刀杆形式对切削的影响，错一处扣 5 分	25	
		完成给定光轴零件加工时，能正确选择刀片形状以及刀具的几何参数，错一处扣 5 分	25	
		能分析不同的刀片形状以及刀杆形式对切削加工的影响，错一处扣 5 分	25	
		文献检索目录清单，至少 5 份，少一份扣 5 分	25	
		评价分数		
总体效果定性评价				

任务工作单

被评组号：_____　　检索号：__3216－3__

小组间互评表

班级		评价小组		日期	年　月　日
评价指标	评价内容			分数/分	分数评定
汇报表述	表述准确			15	
	语言流畅			10	
	准确反映改组完成情况			15	
内容 正确度	内容正确			30	
	句型表达到位			30	
	互评分数				

二维码3－12

任务工作单

组号：_____　姓名：_____　学号：_____　检索号：__3216－4__

任务完成情况评价表

任务名称		车刀刀片及刀杆选用		总得分		
评价依据		学生完成任务后的任务工作单				
序号	任务内容及要求		配分/分	评分标准	教师评价	
					结论	得分
1	能分析车刀刀片以及刀杆形式对切削的影响	影响因素分析	15	错误一处扣3分		
		每种因素主要的影响方面	15	错误一处扣3分		
2	完成给定光轴零件加工时，能正确选择刀片形状以及刀具的几何参数	影响因素分析	15	错误一处扣3分		
		每种因素主要的影响方面	15	错误一处扣3分		

续表

任务名称	车刀刀片及刀杆选用			总得分	
评价依据	学生完成任务后的任务工作单				
序号	任务内容及要求		配分/分	评分标准	教师评价
					结论	得分
3	能分析不同的刀片形状以及刀杆形式对切削加工的影响	影响因素分析	10	错误一处扣2分		
		每种因素主要的影响方面	10	错误一处扣2分		
4	文献检索目录清单	清单数量	10	缺一个扣2分		
5	素质素养评价	(1) 沟通交流能力	10	酌情赋分，但违反课堂纪律，不听从组长、教师安排，不得分		
		(2) 团队合作				
		(3) 课堂纪律				
		(4) 合作探学				
		(5) 自主研学				

二维码 3–13

任务二 车削参数确定

3.2.2.1 任务描述

加工一批光轴，工件材料为40Cr，加工后表面粗糙度要求达到 $Ra3.2\ \mu m$，需粗车、半精车两道工序完成其外圆车削，单边总余量4 mm，使用机床为CA6140，根据已知条件，请确定车刀车削参数。

3.2.2.2 学习目标

1. 知识目标

（1）掌握车削参数的种类和确定方法；
（2）掌握不同车削参数对车削质量的具体影响。

2. 能力目标

能根据具体的零件形状和加工精度，选择合适的车削参数。

3. 素养素质目标

（1）培养勤于思考及分析问题的意识；
（2）培养理论联系实际的工作作风。

3.2.2.3 重难点

1. 重点

车削参数的种类及其确定方法。

2. 难点

根据具体零件的形状及加工精度要求，选择合适的车削参数。

3.2.2.4 相关知识链接

1. 选择刀片夹紧结构

要结合机床型号的不同，以及考虑切削是连续还是断续切削，来选择刀片夹紧结构。

2. 选择刀片材料

要根据被加工材料，以及粗车、半精等不同要求，合理选取刀片材料（硬质合金牌号）。

3. 选择车刀合理角度

根据刀具合理几何参数的选择原则，并考虑到可转位车刀几何角度的形成特点，选取以下几个主要角度：前角 γ_o、后角 α_o、主偏角 κ_r、刃倾角 λ_s、后角 α_o，而副后角 α_o' 和副偏角 κ_r' 的实际数值在计算刀槽角度时经校验后确定。

4. 选择切削用量

根据切削用量的选择原则，查表确定粗车、半精车切削用量 a_p、进给量 f 和切削速度 v_c。

5. 选择刀片型号和尺寸

（1）选择刀片有无中心固定孔：要根据刀片夹紧结构形式的不同，确定是否选用有无中心固定孔的刀片。

(2) 选择刀片形状：主要根据主偏角选用刀片形状。

(3) 选择刀片精度等级：参照刀片精度等级的选择原则（车削用硬质合金可转位刀片的精度等级选用，一般情况下选用 U 级，有特殊要求时才选用 M 级和 G 级），选用 U 级。

(4) 选择刀片边长内切圆直径 d（或刀片边长 L）：根据已选定的 a_p、κ_r、λ_s，可求出刀刃的实际参加工作长度 L_{se}：

$$L_{se} = \frac{a_p}{\sin\kappa_r \cos\lambda_s}$$

则所选用的刀片长度应为

$$L > 1.5 L_{se}$$

(5) 选择刀片的厚度 s：根据已选定的 a_p、f，查《金属切削刀具设计简明手册》，选择厚度 s。

(6) 选择刀尖圆弧半径 r_ε：根据已选定的已选定的 a_p、f，查《金属切削刀具设计简明手册》来确定 r_ε。

(7) 选择刀片断屑槽形式和尺寸：根据刀片断屑槽形式和尺寸的选择原则，以及已知的原始条件，选用断屑槽形式。断屑槽的尺寸在选定刀片型号和尺寸后，便可确定。

6. 确定刀垫型号和尺寸

为了承受切削中产生的高温和保护刀体，一般在硬质合金刀片下放置一个刀垫。刀垫材料可用淬硬的高速钢或高碳钢，但最好用硬质合金。硬质合金刀垫型号和尺寸的选择取决于刀片夹紧结构及刀片的型号和尺寸。查《机械工程师简明手册》，选择与刀片形状相同的刀垫。

7. 计算刀槽角度

刀槽角度的计算步骤如下：

(1) 刀槽主偏角 κ_{rg}。

(2) 刀槽刃倾角 λ_{sg}。

(3) 刀槽前角 γ_{og}。

刀槽底面可看作前刀面，则刀槽前角 γ_{og} 的计算公式为

$$\tan\gamma_{og} = \frac{\tan\gamma_o - \dfrac{\tan\gamma_{nt}}{\cos\lambda_s}}{1 + \tan\gamma_o \tan\gamma_{nt} \cos\lambda_s}$$

(4) 刀槽副偏角 κ'_{rg}。

因为 $\kappa'_{rg} = 180° - \kappa_{rg} - \varepsilon_{rg}$，而 $\varepsilon_{rg} = \varepsilon_r$，$\kappa_{rg} = \kappa_r$，所以 $\kappa'_{rg} = \kappa'_r = 180° - \kappa_r - \varepsilon_r$。车刀刀尖角 ε_r 的计算公式为

$$\cot\varepsilon_r = [\cot\varepsilon_{rt}\sqrt{1 + (\tan\gamma_{og}\cos\lambda_s)^2} - \tan\gamma_{og}\sin\lambda_s]\cos\lambda_s$$

当 $\varepsilon_{rt} = 90°$ 时，将 $\gamma_{og} = -5°$，$\lambda_s = -6°$ 代入上式，得 $\varepsilon_r = 90.52°$，故 $\kappa'_{rg} = 14.5°$。

(5) 验算车刀后角 α_o。

车刀后角 α_o 的验算公式为 $\tan\alpha_o = -\tan\gamma_{og}\cos^2\lambda_s$，将 $\gamma_{og} = -5°$，$\lambda_s = -6°$ 代入上

式，计算角度与所选后角要相近，可以满足切削要求，而刀杆后角 $\alpha_{og} \approx \alpha_o$。

（6）验算车刀副后角 α'_o。

车刀副后角 α'_o 的验算公式为

$$\tan\alpha'_o \approx \tan\gamma_{og}\cos\varepsilon_r - \tan\lambda_{sg}\sin\varepsilon_r$$

刀槽副后角 $\alpha'_{og} = \alpha'_o$。

8. 选择刀杆材料和尺寸

（1）选择刀杆材料：一般选用 45 钢为刀杆材料，热处理硬度为 HRC 38～45，发黑处理。

（2）选择刀杆尺寸。

①选择刀杆截面尺寸：与机床型号有关，特别是与其中心高密切相关，并考虑到刀杆的强度来选用刀杆截面尺寸。

②选择刀杆长度尺寸：一般参照《金属切削刀具设计简明手册》选取刀杆长度。

二维码 3-14

3.2.2.5 任务实施

3.2.2.5.1 学生分组

学生分组表 3-5

班级		组号		授课教师	
组长		学号			
组员	姓名	学号	姓名	学号	

3.2.2.5.2 完成任务工单

任务工作单

组号：_____ 姓名：_____ 学号：_____ 检索号：__32252-1__

引导问题：

（1）完成该光轴零件的加工，选择刀具角度时应考虑哪些方面的因素？

_____

_____

_____

(2) 要达到该光轴零件的加工精度，切削参数选取时应该注意哪些问题？

(3) 完成给定条件下车刀切削参数的确定。

3.2.2.5.3　合作探究

任务工作单

组号：_____　姓名：_____　学号：_____　检索号：　32253－1

引导问题：

(1) 小组讨论，教师参与，确定任务工作单 32252－1 的最优答案，并检讨自己存在的不足。

(2) 每组推荐一个小组长，进行汇报。根据汇报情况，再次检讨自己的不足。

3.2.2.6　评价反馈

任务工作单

组号：_____　姓名：_____　学号：_____　检索号：　3226－1

自我评价表

班级		组名		日期	年　月　日
评价指标	评价内容			分数/分	分数评定
信息检索能力	能有效利用网络、图书资源查找有用的相关信息等；能将查到的信息有效地传递到工作中			10	
感知学习	是否能在学习中获得满足感、课堂生活的认同感			10	
参与态度、交流沟通	积极主动与教师、同学交流，相互尊重、理解、平等；与教师、同学之间是否能够保持多向、丰富、适宜的信息交流			10	
	能处理好合作学习和独立思考的关系，做到有效学习；能提出有意义的问题或能发表个人见解			10	

续表

班级		组名		日期	年　月　日
评价指标	评价内容			分数/分	分数评定
知识、能力获得	完成给定光轴零件加工，能正确分析选择刀具角度时应考虑的因素			10	
	要达到给定光轴零件的加工精度要求，能正确选取切削参数			15	
	完成给定条件下车刀切削参数的确定			15	
辩证思维能力	是否能发现问题、提出问题、分析问题、解决问题、创新问题			10	
自我反思	按时按质地完成任务；较好地掌握知识点；具有较为全面、严谨的思维能力，并能条理清楚、明晰地表达成文			10	
	自评分数				
有益的经验和做法					

任务工作单

组号：＿＿＿＿　　姓名：＿＿＿＿　　学号：＿＿＿＿　　检索号：＿3226-2＿

小组内互评验收表

验收人组长		组名		日期	年　月　日
组内验收成员					
任务要求	完成给定光轴零件加工，能正确分析选择刀具角度时应考虑的因素；要达到给定光轴零件的加工精度要求，能正确选取切削参数；完成给定条件下车刀切削参数的确定；文献检索目录清单				
文档验收清单	被评价人完成的 32252-1 任务工作单				
	文献检索目录清单				
验收评分	评分标准			分数/分	得分
	完成给定光轴零件加工，能正确分析选择刀具角度时应考虑的因素，错一处扣5分			25	
	要达到给定光轴零件的加工精度要求，能正确选取切削参数，错一处扣5分			25	
	完成给定条件下车刀切削参数的确定，错一处扣5分			25	
	文献检索目录清单，至少5份，少一份扣5分			25	
	评价分数				
总体效果定性评价					

任务工作单

被评组号：_____ 检索号：3226-3

小组间互评表

班级		评价小组		日期	年 月 日
评价指标	评价内容			分数/分	分数评定
汇报表述	表述准确			15	
	语言流畅			10	
	准确反映该组完成情况			15	
内容正确度	内容正确			30	
	句型表达到位			30	
互评分数					

任务工作单

组号：_____ 姓名：_____ 学号：_____ 检索号：3226-4

任务完成情况评价表

任务名称		车刀刀片及刀杆选用		总得分		
评价依据		学生完成任务后的任务工作单				
序号	任务内容及要求		配分/分	评分标准	教师评价	
					结论	得分
1	完成给定光轴零件加工，能正确分析选择刀具角度时应考虑的因素	影响因素分析	15	错误一处扣3分		
		每种因素主要的影响方面	15	错误一处扣3分		
2	要达到给定光轴零件的加工精度要求，能正确选取切削参数	分析影响因素	15	错误一处扣3分		
		参数选择正确	15	错误一处扣3分		
3	完成给定条件下车刀切削参数的确定	分析影响因素	10	错误一处扣2分		
		参数选择正确	10	错误一处扣2分		
4	文献检索目录清单	清单数量	10	缺一个扣2分		

续表

任务名称	车刀刀片及刀杆选用		总得分		
评价依据	学生完成任务后的任务工作单				
序号	任务内容及要求		配分/分	评分标准	教师评价
					结论	得分
5	素质素养评价	(1) 沟通交流能力	10	酌情赋分,但违反课堂纪律,不听从组长、教师安排,不得分		
		(2) 团队合作				
		(3) 课堂纪律				
		(4) 合作探学				
		(5) 自主研学				

二维码 3-16

模块四　铣削加工及铣刀应用

任务一　铣刀的种类及其应用

4.1.1.1　任务描述

图 4-1 所示为某公司生产的滑道零件图,材料为 45 钢。请仔细分析滑道零件结构,现要完成滑道零件的主要平面和键槽的加工,请选择合适的铣刀类型。

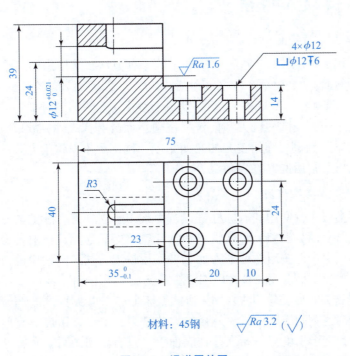

图 4-1　滑道零件图

4.1.1.2 学习目标

1. 知识目标

（1）掌握铣削加工的工艺范围；
（2）掌握铣刀的类型及用途。

2. 能力目标

（1）能正确识图，能分析零件图中需铣削加工的表面；
（2）能根据零件不同的加工表面，合理选择铣刀类型。

3. 素养素质目标

（1）培养善于观察、分析问题的能力；
（2）培养精益求精、一丝不苟的工作作风。

4.1.1.3 重难点

1. 重点

铣刀的类型。

2. 难点

铣刀类型的选择。

4.1.1.4 相关知识链接

1. 铣削加工工艺范围

铣削是使用多齿旋转刀具进行切削加工的一种方法，常用来加工平面（包括水平面、垂直面和斜面）、台阶面、沟槽（包括直角槽、键槽、V形槽、燕尾槽、T形槽、圆弧槽、螺旋槽）、切断及成形表面等。铣刀的种类很多，在铣削加工中，用圆柱铣刀和面铣刀铣削平面具有代表性，故以圆柱铣刀和面铣刀为例，介绍铣刀的几何角度、铣削要素、铣削方式和铣削特点，以及常用铣刀的结构特点与应用等。

二维码 4-1

2. 常用铣刀种类及应用

铣刀的种类很多，常用的有圆柱铣刀、面铣刀、立铣刀、键槽铣刀、半圆键槽铣刀、三面刃铣刀、模具铣刀、角度铣刀和锯片铣刀等。通用规格的铣刀已标准化，一般由专业工具厂生产。按用途可分为加工平面用铣刀、加工沟槽用铣刀、加工成形面用铣刀等三大类，下面介绍几种常用铣刀的特点及其适用范围。

（1）圆柱铣刀。圆柱铣刀主要用于卧式铣床上加工宽度小于铣刀长度的狭长平面，它一般都是用高速钢制成整体式；外径较大的铣刀，也可以镶焊螺旋形硬质合金刀片制成镶齿式；螺旋形切削刃分布在圆柱表面上，没有副切削刃，螺旋形的刀齿切削时是逐渐切入和脱离工件的，所以切削过程较平稳。根据加工要求不同，圆柱铣刀有粗齿（螺旋角 $\beta = 40° \sim 45°$）和细齿（螺旋角 $\beta = 30° \sim 35°$）之分，粗齿的容屑槽大，用于粗加工，细齿用于精加工。圆柱铣刀直径有 $\phi 50$ mm、$\phi 63$ mm、$\phi 80$ mm、$\phi 100$ mm

四种规格。

（2）面铣刀（又称端铣刀）。面铣刀主要用于立式铣床上加工平面，特别适合较大平面的加工。铣削时，铣刀的轴线垂直于被加工表面。面铣刀的主切削刃位于圆柱或圆锥表面，端面切削刃为副切削刃。用面铣刀加工平面时，由于同时参加切削的刀齿较多，又有副切削刃的修光作用，所以加工表面粗糙度值小，故可以用较大的切削用量，生产率较高，应用广泛。小直径的面铣刀一般用高速钢制成整体式，大直径的面铣刀是在刀体上装焊接式硬质合金刀头，或采用机械夹固式可转位硬质合金刀片。

二维码4-2
常用铣刀

（3）立铣刀。立铣刀相当于带柄的小直径圆柱铣刀，一般由3~4个刀齿组成，圆柱面上的切削刃是主切削刃，端面上的切削刃没有通过中心，是副切削刃，工作时不宜沿铣刀轴线方向做进给运动。它主要用于加工凹槽、台阶面以及利用靠模加工成形面。标准立铣刀按柄部结构有直柄、莫氏锥柄、7:24锥柄等类型。用立铣刀铣槽时槽宽有扩张，故应选直径比槽宽略小的铣刀。

（4）键槽铣刀。它的外形与立铣刀相似，不同的是它在圆周上只有两个螺旋刀齿，其端面刀齿的刀刃延伸至中心，因为在铣两端不通的键槽时，可以做适量的轴向进给。它主要用来加工圆头封闭键槽，使用它进行加工时，要做多次垂直进给和纵向进给才能完成键槽加工。铣削时，圆周切削刃仅在靠近端面的一小段长度内发生磨损，重磨时只需刃磨端面切削刃，保证重磨后铣刀直径不变。

其他槽类铣刀还有T形槽铣刀和燕尾槽铣刀等。

（5）三面刃铣刀。三面刃铣刀在刀体的圆周及两侧环形端面上均有刀齿，所以称为三面刃铣刀。它主要用在卧式铣床上加工台阶面和一端或两端贯穿的浅沟槽。三面刃铣刀有直齿和交错齿之分，直径较大的常采用镶齿结构。三面刃铣刀的圆周切削刃为主切削刃，两侧面切削刃是副切削刃，从而改善了两侧面的切削条件，提高了切削效率，减小了表面粗糙度值。但重磨后铣刀宽度尺寸变化较大，镶齿三面刃铣刀可解决这一问题。

（6）角度铣刀。角度铣刀有单角铣刀和双角铣刀，用于铣削带角度的沟槽和斜面。角度铣刀大端和小端直径相差较大时，往往造成小端刀齿过密、容屑空间较小，因此常将小端面刀齿间隔地去掉，使小端的齿数减少一半，以增大容屑空间。单角铣刀圆锥切削刃为主切削刃，端面切削刃为副切削刃。双角铣刀两圆锥面上的切削刃均为主切削刃，它又分为对称双角铣刀和不对称双角铣刀。

（7）锯片铣刀。薄片的槽铣刀，只在圆周上有刀齿，用于铣削窄槽或切断。它与切断车刀类似，对刀具几何参数的合理性要求较高。为了避免夹刀，其厚度由边缘向中心减薄，使两侧形成副偏角。

（8）成形铣刀。成形铣刀是在铣床上用于加工成形表面的刀具，其刀齿廓形要根据被加工工件的廓形来确定。用成形铣刀可在通用的铣床上加工复杂形状的表面，并获得较高的精度和表面质量，生产率也较高。除此之外，还有仿形用的指状铣刀等。

4.1.1.5 任务实施

4.1.1.5.1 学生分组

学生分组表 4-1

班级		组号		授课教师	
组长		学号			
组员	姓名	学号		姓名	学号

4.1.1.5.2 完成任务工单

任务工作单

组号：_____　姓名：_____　学号：_____　检索号：__41152-1__

引导问题：

（1）认真阅读如图 4-1 所示零件图，确定如表 4-1 所示加工零件各表面所选铣刀的类型和规格。

表 4-1　加工零件各表面所选铣刀类型和规格

序号	加工内容	铣刀类型	铣刀规格
1	宽度尺寸 40 mm，厚度尺寸 39 mm		
2	$R3$ mm 键槽		
3	台阶尺寸 $35_{-0.1}^{0}$ mm、14 mm		

（2）比较立铣刀和键槽铣刀的区别。如果在加工封闭的键槽时，现场没有合适的键槽铣刀，可以选择立铣刀来加工吗？应该怎么做？

_____

_____

_____

_____

任务工作单

组号：_____　姓名：_____　学号：_____　检索号：　41152-2

引导问题：

查阅资料后回答，铣斜面的方法有哪些？

_____

_____

4.1.1.5.3　合作探究

任务工作单

组号：_____　姓名：_____　学号：_____　检索号：　41153-1

引导问题：

(1) 小组讨论，教师参与，确定任务工作单 41152-1 和 41152-2 的最优答案，并检讨自己存在的不足。

_____

_____

(2) 每组推荐一个小组长，进行汇报。根据汇报情况，再次检讨自己的不足。

_____

4.1.1.6　评价反馈

任务工作单

组号：_____　姓名：_____　学号：_____　检索号：　4116-1

自我评价表

班级		组名		日期	年　月　日
评价指标	评价内容			分数/分	分数评定
信息检索能力	能有效利用网络、图书资源查找有用的相关信息等；能将查到的信息有效地传递到工作中			10	
感知学习	是否能在学习中获得满足感、课堂生活的认同感			10	
参与态度、交流沟通	积极主动与教师、同学交流，相互尊重、理解、平等；与教师、同学之间是否能够保持多向、丰富、适宜的信息交流			10	
	能处理好合作学习和独立思考的关系，做到有效学习；能提出有意义的问题或能发表个人见解			10	

续表

班级		组名		日期	年 月 日
评价指标	评价内容			分数/分	分数评定
知识、能力获得	能辨别、比较立铣刀和键槽铣刀			10	
	知晓铣斜面的方法			10	
	加工封闭键槽时,在没有合适的键槽铣刀的情况下,可以选择立铣刀来加工,并知道加工方法			10	
	序号	加工内容	铣刀类型	铣刀规格	
	1	宽度尺寸 40 mm,厚度尺寸 39 mm			10
	2	$R3$ mm 键槽			
	3	台阶尺寸 $35_{-0.1}^{0}$ mm、14 mm			
辩证思维能力	是否能发现问题、提出问题、分析问题、解决问题、创新问题			10	
自我反思	按时按质地完成任务;较好地掌握知识点;具有较为全面、严谨的思维能力,并能条理清楚、明晰地表达成文			10	
自评分数					
有益的经验和做法					

任务工作单

组号:_____ 姓名:_____ 学号:_____ 检索号:__4116-2__

小组内互评验收表

验收人组长		组名		日期	年 月 日
组内验收成员					
任务要求	能辨别、比较立铣刀和键槽铣刀;知晓铣斜面的方法;加工封闭键槽时,在没有合适的键槽铣刀的情况下,可以选择立铣刀来加工,并知道加工方法;能根据加工表面,确定铣刀类型及其规格;文献检索目录清单				
文档验收清单	被评价人完成的 41152-1 任务工作单				
	被评价人完成的 41152-2 任务工作单				
	文献检索目录清单				

续表

	评分标准	分数/分	得分
验收评分	能辨别、比较立铣刀和键槽铣刀，错一处扣5分	20	
	知晓铣斜面的方法，错一处扣5分	20	
	加工封闭键槽时，在没有合适的键槽铣刀情况下，可以选择立铣刀来加工，并知道加工方法，错一处扣5分	20	
	能根据加工表面，确定铣刀类型及其规格，错一处扣5分	20	
	文献检索目录清单，至少5份，少一份扣5分	20	
	评价分数		
总体效果定性评价			

任务工作单

被评组号：_____　　　　检索号：4116-3

小组间互评表

班级		评价小组		日期	年　月　日
评价指标		评价内容		分数/分	分数评定
汇报表述		表述准确		15	
		语言流畅		10	
		准确反映改组完成情况		15	
内容正确度		内容正确		30	
		句型表达到位		30	
		互评分数			

任务工作单

组号：_____　姓名：_____　学号：_____　检索号：4116-4

任务完成情况评价表

二维码4-3

任务名称		铣刀的种类及其应用			总得分	
评价依据		学生完成任务后的任务工作单				
序号	任务内容及要求		配分/分	评分标准	教师评价	
					结论	得分
1	能辨别、比较立铣刀和键槽铣刀	知道辨别方法	10	错误一处扣2分		
		能辨别分析	10	错误一处扣2分		

模块四　铣削加工及铣刀应用

续表

任务名称		铣刀的种类及其应用			总得分	
评价依据		学生完成任务后的任务工作单				
序号	任务内容及要求		配分/分	评分标准	教师评价	
					结论	得分
2	知晓铣斜面的方法	选择的依据	10	错误一处扣2分		
		能确定方法	10	错误一处扣2分		
3	加工封闭的键槽时,在没有合适的键槽铣刀情况下,可以选择立铣刀来加工,并知道加工方法	能用立铣刀加工键槽的理由	10	错误一处扣2分		
		正确走刀方法	10	错误一处扣2分		
4	能根据加工表面,确定铣刀类型及其规格	能正确选择刀具类型	10	错误一处扣2分		
		能正确确定刀具规格	10	错误一处扣2分		
5	文献检索目录清单	清单数量	10	缺一个扣2分		
6	素质素养评价	(1) 沟通交流能力	10分	酌情赋分,但违反课堂纪律,不听从组长、教师安排,不得分		
		(2) 团队合作				
		(3) 课堂纪律				
		(4) 合作探学				
		(5) 自主研学				

二维码 4-4

任务二　铣刀的结构认知

4.1.2.1　任务描述

在确定铣刀类型后,需合理确定铣刀的直径、齿数、螺旋角、几何角度等参数。

4.1.2.2　学习目标

1. 知识目标

(1) 掌握铣刀的结构参数;
(2) 掌握铣刀的几何角度。

2. 能力目标

(1) 能合理选择铣刀的直径、齿数等结构参数;
(2) 能合理选择铣刀的几何角度。

3. 素养素质目标

(1) 培养认真、仔细的工作态度;
(2) 培养热爱劳动的意识。

4.1.2.3　重难点

1. 重点

铣刀的结构参数。

2. 难点

铣刀的几何角度。

4.1.2.4　相关知识链接

1. 铣刀的结构要素

铣刀结构要素包括铣刀直径、齿数和螺旋角,这些要素对铣削加工中的铣刀耐用度、工件加工质量等都有一定的影响。

1) 铣刀直径

铣刀直径在铣削加工中有重要意义。铣刀直径大、散热效果好,并且在安装铣刀时需要选用直径较粗的铣刀杆,有利于减小切削中的振动。但铣刀直径增大,铣削力矩也相应增加,这会增大铣削功率。

铣刀直径主要依据工件的铣削宽度来选择。对于中等铣削宽度的工件,可以选用较大直径的端铣刀,这样一次走刀就可以铣去宽度方向的余量;对于较大铣削宽度的工件,则应该根据机床的功率和机床主轴接口的规格来确定,通过多次走刀来铣去宽度方向的余量。

立铣刀直径的选择主要应考虑工件加工尺寸的要求,并保证刀具所需功率在机床额定功率范围以内。从刀具刚性的角度考虑，直径较大的立铣刀刚性较好。如铣削内轮廓时，立铣刀直径应不大于最小曲率半径。

从铣削效率的角度来讲，铣刀直径选择得合理，能节省铣削过程的机动时间。选择铣刀直径时要综合考虑工件的铣削宽度、工艺系统的刚性以及加工效率方面的问题。

2）铣刀齿数

铣刀根据齿数的多少分为粗齿铣刀和细齿铣刀，如图 4-2 所示。粗齿铣刀在刀体上的刀齿稀，刀齿强度好，同时齿槽角大，容屑空间大，排屑方便，但同时参加切削的齿数少，工作平稳性较差，适宜在粗铣和加工塑性材料时使用；细齿铣刀的刀齿密，切削中铣刀上的几个刀齿可同时切削，减少振动，适宜半精铣、精铣和加工脆性材料时使用。

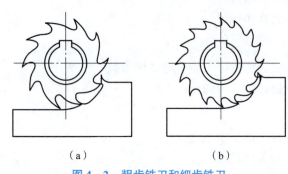

图 4-2 粗齿铣刀和细齿铣刀
(a) 粗齿；(b) 细齿

3）螺旋角 β

切削刃和铣刀轴线构成的角度称为铣刀螺旋角。

直齿铣刀的刀齿呈直线形，与铣刀轴线相平行，在切削过程中，刀齿一下子就在全部长度上同时切入工件，它的全部齿长一起跟被切削面相接触，当切削完毕时又全部同时离开，由于这种不连续性，故形成切削过程中的严重冲击，铣刀刀齿上的负荷也有着很大的变化，因而使铣床动力消耗极不均匀，引起铣床和切削产生振动。

螺旋齿铣刀的刀齿是斜绕在刀体上的，因此在切削时，前一个刀齿尚未全部离开工件，而后一刀齿已经开始切入。用这种铣刀切削时，产生的振动就显著减少，冲击现象几乎消除，所以铣刀上有了螺旋角这个角度，同时参加切削的刀齿增加，使切削均匀稳定，改善了铣刀的工作条件。由于直齿铣刀的劣势，所以加工平面时多采用螺旋齿圆柱铣刀。

2. 铣刀的几何角度

铣刀的种类、形状虽多，但都可以归纳为圆柱铣刀和面铣刀两种基本形式，每个刀齿可以看作是一把简单的车刀，故车刀几何角度定义也适用于铣刀。所不同的是铣刀回转、刀齿较多，因此只要通过对一个刀齿的分析，就可以了解整个铣刀的几何角度。

1）圆柱铣刀的几何角度

如图 4-3 所示，圆周铣削时，铣刀的旋转运动是主运动，工件的直线移动是进给运动。圆柱铣刀的正交平面参考系 P_r、P_s 和 P_o 的定义可参考车削中的规定。对于以自身轴线旋转做主运动的铣刀，它的基面 P_r 是通过切削刃选定点并包含铣刀轴线的平面,并假定主运动方向与基面垂直。切削平面 P_s 是通过切削刃选定点的圆柱的切平面,正交平面 P_o 是垂直于铣刀轴线的端剖面。

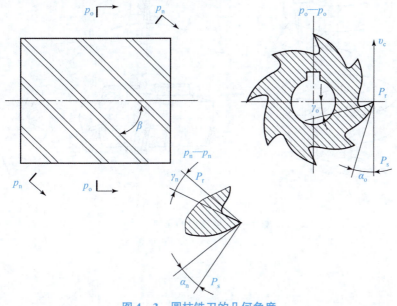

图 4-3 圆柱铣刀的几何角度

如果圆柱铣刀的螺旋角为 β,则前角 γ_o 与法向平面上的前角 γ_n、后角 α_o 与法向平面上的后角 α_o 之间的关系可用下列公式计算:

$$\tan\gamma_n = \tan\gamma_o \cos\beta \qquad (4-1)$$

$$\tan\alpha_n = \frac{\tan\alpha_o}{\cos\beta} \qquad (4-2)$$

对于螺旋齿圆柱铣刀,前角 γ_n 一般按被加工材料来选取,铣削钢时取 $\gamma_n = 10° \sim 20°$;铣削铸铁时取 $\gamma_n = 5° \sim 15°$。后角通常取 $\alpha_o = 12° \sim 16°$,粗铣时取小值,精铣时取最大值。螺旋角一般取粗齿圆柱铣刀 $\beta = 45° \sim 60°$,细齿圆柱铣刀 $\beta = 25° \sim 30°$。

2) 面铣刀的几何角度

由于面铣刀的每一个刀齿相当于一把车刀,因此,面铣刀的几何角度与车刀相似,其各角度的定义可参照车刀确定,如图 4-4 所示。

3. 铣刀的齿背形式

1) 尖齿铣刀

如图 4-5(a)~图 4-5(c)所示,尖齿铣刀的特点是齿背经铣制而成,并在切削刃后磨出一条窄的后刀面,铣刀用钝后只需刃磨后刀面,刃磨比较方便。尖齿铣刀是铣刀中的一大类,上述铣刀除成形铣刀外基本为尖齿铣刀。

2) 铲齿铣刀

如图 4-5(d)所示,铲齿铣刀的特点是齿背经铲制而成,铣刀用钝后仅刃磨前刀面,易于保持切削刃原有的形状,因此适用于切削廓形复杂的铣刀,如成形铣刀。

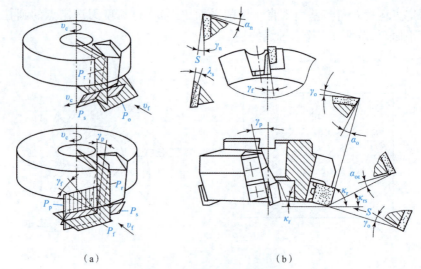

图 4-4 面铣刀的几何角度
(a) 立体图；(b) 几何角度

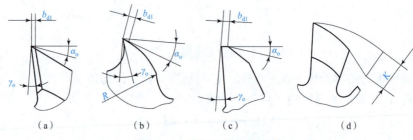

图 4-5 铣刀刀齿齿背形式

4.1.2.5 任务实施

4.1.2.5.1 学生分组

学生分组表 4-2

班级		组号		授课教师	
组长		学号			
组员	姓名	学号		姓名	学号

4.1.2.5.2 完成任务工单

任务工作单

组号：_____   姓名：_____   学号：_____   检索号：___41252 – 1___

引导问题：

(1) 查阅工艺手册或刀具手册，列举出端铣刀、立铣刀、键槽铣刀的直径系列。

_____

_____

(2) 常用立铣刀的刃数有哪些？各有什么特点和用途？

_____

_____

任务工作单

组号：_____   姓名：_____   学号：_____   检索号：___41252 – 2___

引导问题：

(1) 认真读图 4 – 1 所示零件图，确定表 4 – 2 所示铣刀的结构参数。

表 4 – 2　加工零件各表面铣刀的结构参数

序号	加工内容	铣刀类型	铣刀结构参数
1	宽度尺寸 40 mm，厚度尺寸 39 mm		
2	R3 mm 键槽		
3	台阶尺寸 $35_{-0.1}^{\ 0}$ mm、14 mm		

4.1.2.5.3 合作探究

任务工作单

组号：_____   姓名：_____   学号：_____   检索号：___41253 – 1___

引导问题：

(1) 小组讨论，教师参与，确定任务工作单 41252 – 1 和 41252 – 2 的最优答案，并检讨自己存在的不足。

_____

_____

(2) 每组推荐 1 名小组长，进行小组汇报，再次检查自己存在的不足。

_____

_____

4.1.2.6 评价反馈

任务工作单

组号：_____ 姓名：_____ 学号：_____ 检索号：__4126-1__

自我评价表

班级		组名		日期	年 月 日
评价指标	评价内容			分数/分	分数评定
信息检索能力	能有效利用网络、图书资源查找有用的相关信息等；能将查到的信息有效地传递到工作中			10	
感知学习	是否能在学习中获得满足感、课堂生活的认同感			10	
参与态度、交流沟通	积极主动与教师、同学交流，相互尊重、理解、平等；与教师、同学之间是否能够保持多向、丰富、适宜的信息交流			10	
	能处理好合作学习和独立思考的关系，做到有效学习；能提出有意义的问题或能发表个人见解			10	
知识、能力获得	序号 / 刀具名称 / 列出直径系列 1 / 端铣刀 / 2 / 立铣刀 / 3 / 键槽铣刀 /			20	
	序号 / 刀具名称 / 刃数 / 特点和用途 1 / 常用立铣刀 / /			10	
	序号 / 加工内容 / 铣刀类型 / 结构参数 1 / 宽度尺寸 40 mm，厚度尺寸 39 mm / / 2 / $R3$ mm 键槽 / / 3 / 台阶尺寸 $35_{-0.1}^{0}$ mm、14 mm / /			10	
辩证思维能力	是否能发现问题、提出问题、分析问题、解决问题、创新问题			10	
自我反思	按时按质地完成任务；较好地掌握知识点；具有较为全面、严谨的思维能力，并能条理清楚、明晰地表达成文			10	
	自评分数				
有益的经验和做法					

任务工作单

组号：_____ 姓名：_____ 学号：_____ 检索号：__4126-2__

小组内互评验收表

验收人组长		组名		日期	年　月　日
组内验收成员					
任务要求	能查阅工艺手册或刀具手册，列举出端铣刀、立铣刀、键槽铣刀的直径系列；能知道常用立铣刀的刃数，明白各有什么特点和用途；能根据别加工工件结构和规格，确定刀具参数；文献检索目录清单					
文档验收清单	被评价人完成的41252-1任务工作单				
	被评价人完成的41252-2任务工作单				
	文献检索目录清单				
	评分标准			分数/分		得分
验收评分	能查阅工艺手册或刀具手册，列举出端铣刀、立铣刀、键槽铣刀的直径系列，错一处扣5分			25		
	能知道常用立铣刀的刃数，明白各有什么特点和用途，错一处扣5分			25		
	能根据别加工工件结构和规格，确定刀具参数，错一处扣5分			25		
	文献检索目录清单，至少5份，少一份扣5分			25		
	评价分数					
总体效果定性评价					

任务工作单

被评组号：_____ 检索号：__4126-3__

小组间互评表

班级		评价小组		日期	年　月　日
评价指标	评价内容			分数/分		分数评定
汇报表述	表述准确			15		
	语言流畅			10		
	准确反映该组完成情况			15		
内容正确度	内容正确			30		
	句型表达到位			30		
	互评分数					

模块四　铣削加工及铣刀应用

二维码 4-5

任务工作单

组号：_____ 姓名：_____ 学号：_____ 检索号：4126-4

任务完成情况评价表

任务名称		铣刀的结构认识			总得分	
评价依据		学生完成任务后的任务工作单				
序号	任务内容及要求		配分/分	评分标准	教师评价	
					结论	得分
1	能查阅工艺手册或刀具手册，列举出端铣刀、立铣刀、键槽铣刀的直径系列	能正确查阅手册	10	错误一处扣2分		
		答案正确	10	错误一处扣2分		
2	能知道常用立铣刀的刃数，明白各有什么特点和用途	刃数回答正确	20	错误一处扣2分		
		特点和用途描述正确	20	错误一处扣2分		
3	能根据别加工工件结构和规格，确定刀具参数	刀具参数选择正确	20	错误一处扣4分		
4	文献检索目录清单	清单数量	10	缺一个扣2分		
5	素质素养评价	(1) 沟通交流能力	10	酌情赋分，但违反课堂纪律，不听从组长、教师安排，不得分		
		(2) 团队合作				
		(3) 课堂纪律				
		(4) 合作探学				
		(5) 自主研学				

二维码 4-6

任务三 铣削方式应用

4.1.3.1 任务描述

如图 4-1 所示零件图,若采用平口虎钳装夹零件尺寸 40 mm 两端,在加工中心上用立铣刀精铣 40 mm×75 mm 外轮廓,为保证零件的表面粗糙度要求,请选择铣削方式和设计铣刀的走刀路线。

4.1.3.2 学习目标

1. 知识目标

(1) 掌握顺铣和逆铣的特点及应用;
(2) 掌握对称铣和不对称铣的特点及应用。

2. 能力目标

能在不同的加工情形下选择合适的铣削方式。

3. 素养素质目标

(1) 培养学生懂理论、精技能的意识;
(2) 培养讲原则、守规矩的意识;
(3) 培养成本、质量、效益的意识。

4.1.3.3 重难点

1. 重点

顺铣和逆铣的特点。

2. 难点

顺铣和逆铣方式的选用。

4.1.3.4 相关知识链接

1. 顺铣和逆铣

铣削属于断续切削,实际切削面积随时都在变化,因此铣削力波动大,冲击与振动大,铣削平稳性差。但采用合理的铣削方式会减缓冲击与振动,还对提高铣刀耐用度、工件质量和生产率具有重要的作用。

二维码 4-7 铣削的切削层参数

用圆柱铣刀铣削平面时,主要是利用圆周上的刀刃切削工件,所以称为周铣,其铣削方式分为顺铣和逆铣两种,如图 4-6 所示。

1) 逆铣

当铣刀切削刃与铣削表面相切时,若切点铣削速度的方向与工件进给速度的方向相反,则称为逆铣。逆铣具有以下特点:

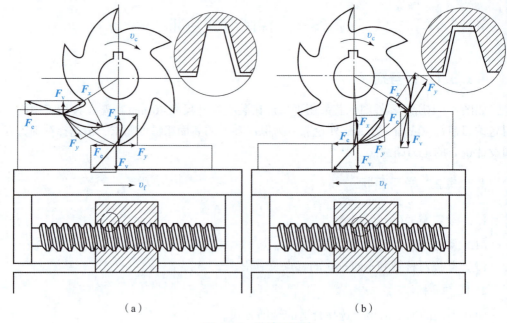

图 4-6 逆铣和顺铣
(a) 逆铣；(b) 顺铣

（1）切削厚度由薄变厚，当切入时，由于刃口钝圆半径大于瞬时切削厚度，故刀齿与工件表面进行挤压和摩擦，刀齿较易磨损，尤其是当冷硬现象严重时，更会加剧刀齿的磨损，并影响已加工表面的质量。

（2）刀齿作用于工件上的垂直分力 F_v 向上，有抬起工件的趋势，因此要求夹紧可靠。

（3）纵向分力 F_e 与纵向进给方向相反，使铣床工作台进给机构中的丝杆与螺母始终保持良好的左侧接触，故工作台进给速度均匀，铣削过程平稳。

（4）逆铣时，刀齿是从切削层内部开始的，当工件表面有硬皮时，对刀齿没有直接的影响。

2）顺铣

当铣刀切削刃与铣削表面相切时，若切点铣削速度的方向与工件进给速度的方向相同，则称为顺铣。顺铣具有以下特点：

（1）切削厚度由厚变薄，容易切下切屑，刀齿磨损较慢，已加工表面质量高。有些实验表明，相对于逆铣，刀具耐用度可提高 2~3 倍，尤其是在铣削难加工材料时效果更加明显。

（2）刀齿作用于工件上的垂直分力 F_v 压向工作台，有利于夹紧工件。

（3）纵向分力 F_e 与纵向进给方向相同，当丝杠与螺母存在间隙时，会使工作台带动丝杠向左窜动，造成进给不均匀，影响工件表面粗糙度，也会因进给量突然增大而容易损坏刀齿。

2. 铣削方式的选择

综合所述逆铣和顺铣的特点，选择铣削方式的原则如下：

(1) 因为顺铣无滑移现象，加工后的表面质量较好，所以顺铣多用于精加工，逆铣多用于粗加工。

(2) 加工有硬皮的铸件、锻件毛坯时应采用逆铣。

(3) 使用无丝杠螺母间隙调整机构的铣床加工时，也应该采用逆铣。

3. 对称铣和不对称铣

采用面铣刀铣削工件时，主要是刀具端面的切削刃进行切削，故称为端铣。端铣刀在铣削平面时有许多优点，因此在目前的平面铣削中有逐渐以端铣刀来代替圆柱铣刀的趋势。根据端铣刀和工件间相对位置的不同，可分为对称铣削和不对称铣削两种不同的铣削方式。不对称铣削可以调节切入和切出时的切削厚度，其又分为不对称顺铣和不对称逆铣，如图4-7所示。

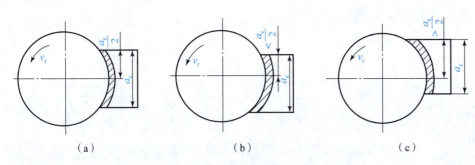

图 4-7 对称铣削和不对称铣削
(a) 对称铣削；(b) 不对称逆铣；(c) 不对称顺铣

1) 对称铣削

刀齿切入、切出工件时，切削厚度相同的铣削称为对称铣削。一般端铣时常用这种铣削方式。

2) 不对称铣削

(1) 不对称逆铣。刀齿切入时的切削厚度最小，切出时的切削厚度最大。这种铣削方式切入冲击小，常用于铣削碳钢和低合金钢，如9Cr2。

(2) 不对称顺铣。刀齿切入、切出时的切削厚度正好与不对称逆铣相反。这种铣削方式可减小硬质合金的剥落破损、提高刀具耐用度，可用于铣削不锈钢和耐热合金，如2Cr13、1Cr18Ni9Ti。

3. 工件与铣刀之间的相对正确位置

铣刀的安装位置直接影响切入角 δ 和切离角 δ_1，如图4-8所示，铣削时，刀齿的切削面积为 STUV。面铣刀切入工件时，前面与工件的接触点可能是 S、T、U、V 区域范围内的某一点。为了增加刀齿抗冲击能力，减少刀齿疲劳现象，希望开始接触点在 U 点而不在 S 点，这就取决于面铣刀的几何角度和相对于工件的安装位置。由图4-8 (b) 可知，若 $\gamma_f < \delta$，则刀齿以 V 点或 U 点或 $\overline{UV}$ 线首先接触工件；由图4-8 (c) 可知，若 $\gamma_f > \delta$，根据 γ_p 的大小，刀齿以 S 点或 T 点或 $\overline{ST}$ 线首先接触工件；若 $\gamma_f = \delta$、$\gamma_p = 0°$，刀齿切入时，前刀面与工件 STUV 面发生接触，刀齿经受很大冲击力，极易产生破损。合理地选择面铣刀安装位置对减小面铣刀破损、延长刀具耐用度起着重要的作用。

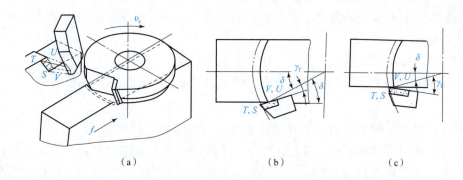

图 4-8 面铣刀切入工件时，前面与工件的接触位置
(a) 面铣刀刀齿切削面积；(b) $\gamma_f < \delta$；(c) $\gamma_f > \delta$

4.1.3.5 任务实施

4.1.3.5.1 学生分组

学生分组表 4-3

班级		组号		授课教师	
组长		学号			
组员	姓名	学号		姓名	学号

4.1.3.5.2 完成任务工单

任务工作单

组号：_____ 姓名：_____ 学号：_____ 检索号：__41352-1__

引导问题：

认真阅读如图 4-1 所示零件图，在加工中心上用立铣刀精铣 40 mm × 75 mm 外轮廓，为保证零件的表面粗糙度要求，请设计铣刀的走刀路线。

_____

任务工作单

组号：_____ 姓名：_____ 学号：_____ 检索号：__41352-2__

引导问题：

在加工中心上精铣如图 4-9 所示（标尺寸部分是型腔）深度为 5 mm 的二维型腔轮廓，问铣刀直径不能大于多少？为什么？并画出精铣型腔轮廓的走刀路线。

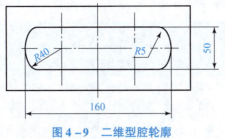

图 4-9 二维型腔轮廓

任务工作单

组号：_____ 姓名：_____ 学号：_____ 检索号：　41352-3　

引导问题：

在无丝攻螺母间隙调整机构的铣床上采用顺铣方式时，机床工作台可能会发生窜动，造成进给不匀速，请分析窜动的原因。

_____

_____

4.1.3.5.3 优化决策

任务工作单

组号：_____ 姓名：_____ 学号：_____ 检索号：　41353-1　

引导问题：

（1）小组讨论，教师参与，确定任务工作单 41352-1~41352-3 的最优答案，并检讨自己存在的不足。

_____

_____

（2）每组推荐 1 名小组长，进行小组汇报，再次检查自己存在的不足。

_____

_____

4.1.3.6 评价反馈

任务工作单

组号：_____ 姓名：_____ 学号：_____ 检索号：　4136-1　

自我评价表

班级		组名		日期	年　月　日
评价指标	评价内容			分数/分	分数评定
信息检索能力	能有效利用网络、图书资源查找有用的相关信息等；能将查到的信息有效地传递到工作中			10	
感知学习	是否能在学习中获得满足感、课堂生活的认同感			10	

模块四　铣削加工及铣刀应用

续表

班级		组名		日期	年　月　日
评价指标		评价内容		分数/分	分数评定
参与态度、交流沟通		积极主动与教师、同学交流，相互尊重、理解、平等；与教师、同学之间是否能够保持多向、丰富、适宜的信息交流		10	
		能处理好合作学习和独立思考的关系，做到有效学习；能提出有意义的问题或能发表个人见解		10	
知识、能力获得		在加工中心上精铣下图所示（标尺寸部分是型腔）深度为5 mm的二维型腔轮廓，问铣刀直径不能大于多少？为什么？并画出精铣型腔轮廓的走刀路线 （图：R40，R5，50，160）		20	
		在无丝攻螺母间隙调整机构的铣床上采用顺铣方式时，机床工作台可能会发生窜动，分析造成进给不匀速的原因		10	
		在加工中心上用立铣刀精铣图4-1所示40 mm×75 mm外轮廓，为保证零件的表面粗糙度要求，请设计铣刀的走刀路线		10	
辩证思维能力		是否能发现问题、提出问题、分析问题、解决问题、创新问题		10	
自我反思		按时按质地完成任务；较好地掌握知识点；具有较为全面、严谨的思维能力，并能条理清楚、明晰地表达成文		10	
		自评分数			
有益的经验和做法					

任务工作单

组号：_____　　姓名：_____　　学号：_____　　检索号：4136-2

小组内互评验收表

验收人组长		组名		日期	年　月　日
组内验收成员					
任务要求		能在加工中心上精铣深度为5 mm的二维型腔轮廓，知道铣刀直径不能大于多少，并知道为什么；能画出精铣型腔轮廓的走刀路线；在无丝攻螺母间隙调整机构的铣床上采用顺铣方式时，机床工作台可能会发生窜动，分析造成进给不匀速的原因；在工中心上用立铣刀精铣图4-1所示40 mm×75 mm外轮廓，为保证零件的表面粗糙度要求，请设计铣刀的走刀路线；文献检索目录清单，不少于5份			

续表

验收人组长		组名		日期	年 月 日
文档验收清单	被评价人完成的 41352-1 任务工作单				
	被评价人完成的 41352-2 任务工作单				
	被评价人完成的 41352-3 任务工作单				
	文献检索目录清单				
	评分标准			分数/分	得分
验收评分	能在加工中心上精铣深度为 5 mm 的二维型腔轮廓，知道铣刀直径不能大于多少，并知道为什么；能画出精铣型腔轮廓的走刀路线，错一处扣 5 分			25	
	在无丝攻螺母间隙调整机构的铣床上采用顺铣方式时，机床工作台可能会发生窜动，分析造成进给不匀速的原因，错一处扣 5 分			25	
	在加工中心上用立铣刀精铣图 4-1 所示 40×75 外轮廓，为保证零件的表面粗糙度要求，请设计铣刀的走刀路线，错一处扣 5 分			25	
	文献检索目录清单，至少 5 份，少一份扣 5 分			25	
	评价分数				
总体效果定性评价					

任务工作单

被评组号：_____　　检索号：__4136-3__

小组间互评表

班级		评价小组		日期	年 月 日
评价指标		评价内容		分数/分	分数评定
汇报表述	表述准确			15	
	语言流畅			10	
	准确反映该组完成情况			15	
内容正确度	内容正确			30	
	句型表达到位			30	
	互评分数				

二维码 4-8

任务工作单

组号：_____ 姓名：_____ 学号：_____ 检索号：__4136－4__

任务完成情况评价表

任务名称		铣削方式的应用			总得分	
评价依据		学生完成任务后的任务工作单				
序号	任务内容及要求		配分/分	评分标准	教师评价	
					结论	得分
1	能在加工中心上精铣深度为 5 mm 的二维型腔轮廓，知道铣刀直径不能大于多少，并知道为什么；能画出精铣型腔轮廓的走刀路线	铣刀直径确定正确	10	错误一处扣2分		
		走刀路线正确	10	错误一处扣2分		
2	在无丝攻螺母间隙调整机构的铣床上采用顺铣方式时，机床工作台可能会发生窜动，分析造成进给不匀速的原因	原因分析正确	20	错误一处扣2分		
		窜动造成的影响	20	错误一处扣2分		
3	在加工中心上用立铣刀精铣图 4－1 所示 40 mm×75 mm 外轮廓，为保证零件的表面粗糙度要求，请设计铣刀的走刀路线	采用的铣削方式	10	错误一处扣2分		
		走刀路线正确	10	错误一处扣2分		
4	文献检索目录清单	清单数量	10	缺一个扣2分		
5	素质素养评价	（1）沟通交流能力	10	酌情赋分，但违反课堂纪律，不听从组长、教师安排，不得分		
		（2）团队合作				
		（3）课堂纪律				
		（4）合作探学				
		（5）自主研学				

二维码 4－9

项目二 铣刀及其切削参数选用

任务一 铣刀刀片及刀柄选用

4.2.1.1 任务描述

可转位数控刀具在机械加工中的应用越来越多,其中可转位铣刀的选择包括铣刀刀片的选择和刀柄的选择。请确定加工如图 4-1 所示零件的铣刀刀片和刀柄的具体规格代号。

4.2.1.2 学习目标

1. 知识目标

(1) 掌握可转位铣刀刀片的命名规则;
(2) 掌握数控铣刀刀柄系统。

2. 能力目标

(1) 能根据加工要求选择可转位铣刀刀片;
(2) 能根据加工要求选择数控铣刀刀柄。

3. 素养素质目标

(1) 培养讲规则的意识;
(2) 培养团队协作的意识。

4.2.1.3 重难点

1. 重点

可转位刀片和铣刀刀柄。

2. 难点

可转位刀片和铣刀刀柄的选择。

4.2.1.4 相关知识链接

1. 可转位铣刀刀片及选用

可转位铣刀刀片的标记方法同可转位车刀刀片一样,遵循国家标准 GB/T 2076—2007。与可转位车刀刀片不同的是,铣刀刀片在刀片第 7 号位的两个数字代表刀片主偏角的大小。

主偏角是刀片主切削刃和工件表面之间的夹角,主要有 45°、90°角和圆形刀片,如图 4-10 所示。铣削时,切削力的方向和大小将随着主偏角的不同发生很大的变化:

(1) 90°主偏角铣刀主要产生径向力,作用在进给方向,这意味着被加工表面不会承受过多的压力,对于铣削结构较弱的工件是比较可靠的,如薄壁零件及装夹较差零件的铣削,也可用于要求获得直角的场合。

(2) 45°主偏角铣刀的径向和轴向切削力大小接近一致,切削平稳并对机床功率的要求较小。当以大悬伸或小刀柄铣削时,会减弱振动趋势,同时该角度铣刀减小了切削厚度,在保持中等切削刃负荷的情况下,其工作台进给范围更大,故提高了生产效率。其适用于普通用途的面铣。

(3) 圆形刀片铣刀随切深不同,刀片的主偏角和切屑负荷均会有所变化。此刀片有可多次转位的、非常坚固的切削刃,具有高的工作台进给功率,是高效且高金属去除率的粗加工工具。其适用于耐热合金和钛合金加工及大余量的加工。

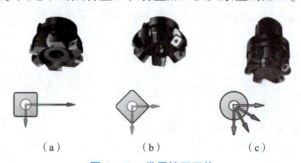

图 4-10 常用铣刀刀片

(a) 90°主偏角;(b) 45°主偏角;(c) 圆形刀片铣刀

2. 可转位铣刀刀柄及选用

1) 刀柄的结构

数控机床刀具刀柄的结构形式分为整体式与模块式两种。整体式刀柄其装夹刀具的工作部分与它在机床上安装定位用的柄部是一体的。这种刀柄对机床与零件的变换适应能力较差。为适应零件与机床的变换,用户必须储备各种规格的刀柄,因此刀柄的利用率较低。模块式刀具系统是一种较先进的刀具系统,其每把刀柄都可通过各种系列化的模块组装而成。针对不同的加工零件和使用机床,采取不同的组装方案可获得多种刀柄系列,从而提高刀柄的适应能力和利用率,如图 4-11 所示。

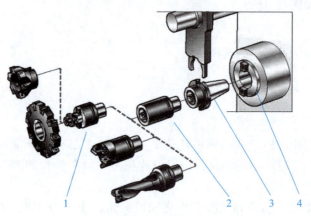

图 4-11 刀柄系统组成

1—刀具接口;2—连接杆;3—基本刀柄;4—机床主轴锥孔

刀柄结构形式的选择应兼顾技术先进与经济合理：

（1）对一些长期反复使用、不需要拼装的简单刀具以配备整体式刀柄为宜，以使工具刚性好、价格便宜（如加工零件外轮廓用的立铣刀刀柄、弹簧夹头刀柄及钻夹头刀柄等）。

（2）在加工孔径、孔深经常变化的多品种、小批量零件时，宜选用模块式刀柄，以取代大量整体式镗刀柄，降低加工成本。

（3）当数控机床较多尤其是机床主轴端部、换刀机械手各不相同时，宜选用模块式刀柄。

由于各机床所用的中间模块（接杆）和工作模块（装刀模块）都可通用，故可大大减少设备投资，提高工具利用率。

2）刀柄标准及规格

加工中心的主轴锥孔通常分为两大类，即锥度为 7∶24 的通用系统和 1∶10 的 HSK 真空系统。锥度为 7∶24 的通用刀柄通常有五种标准，即 NT（传统型）、DIN 69871（德国标准）（简称 JT、DIN、DAT 或 DV）、ISO 7388/1（国际标准）（简称 IV 或 IT）、MAS BT（日本标准）（简称 BT）、ANSI/ASME（美国标准）（简称 CAT）。

NT 型刀柄德国标准为 DIN 2080，是在传统型机床上通过拉杆将刀柄拉紧，国内也称为 ST；其他四种刀柄均是在加工中心上通过刀柄尾部的拉钉将刀柄拉紧。目前国内使用最多的是 DIN 69871 型（即 JT）和 MAS BT 型两种刀柄。DIN 69871 型的刀柄可以安装在 DIN 69871 型和 ANSI/ASME 主轴锥孔的机床上，ISO 7388/1 型的刀柄可以安装在 DIN 69871 型、ISO 7388/1 和 ANSI/ASME 主轴锥孔的机床上，所以就通用性而言，ISO 7388/1 型的刀柄是最好的。

1∶10 的 HSK 真空刀柄的德国标准是 DIN 69873，有六种标准和规格，即 HSK – A、HSK – B、HSK – C、HSK – D、HSK – E 和 HSK – F，其中 HSK – A（带内冷自动换刀）、HSK – C（带内冷手动换刀）和 HSK – E（带内冷自动换刀，高速型）最常用。

7∶24 的通用刀柄是靠刀柄的 7∶24 锥面与机床主轴孔的 7∶24 锥面接触定位连接的，在高速加工、连接刚性和重合精度三个方面有局限性。而 HSK 真空刀柄靠刀柄的弹性变形连接，不但刀柄的 1∶10 锥面与机床主轴孔的 1∶10 锥面接触，而且使刀柄的法兰盘面与主轴面也紧密接触，这种双面接触系统在高速加工、连接刚性和重合精度上均优于 7∶24 的通用刀柄。

数控刀柄的最新发展扩展阅读

二维码 4 – 10　数控机床刀柄的发展

铣刀的安装扩展阅读

二维码 4 – 11　常用铣刀的安装

4.2.1.5 任务实施

4.2.1.5.1 学生分组

学生分组表 4-4

班级		组号		授课教师	
组长		学号			
组员	姓名	学号		姓名	学号

4.2.1.5.2 完成任务工单

任务工作单

组号：_____ 姓名：_____ 学号：_____ 检索号：__42152-1__

引导问题：

（1）请指出刀片代号 SPHW200445TR 每一个号位的含义。
_____
_____

（2）分析常见铣刀刀片的特点及应用场合。
_____
_____

任务工作单

组号：_____ 姓名：_____ 学号：_____ 检索号：__42152-2__

引导问题：

（1）查阅刀具样本后，请为如图 4-1 所示零件粗铣顶面工序选择合适的刀片和刀柄。
_____
_____

（2）查阅刀具样本后，请为如图 4-1 所示零件铣键槽工序选择合适的刀片和刀柄。
_____

4.1.3.5.3　优化决策

任务工作单

组号：_____　姓名：_____　学号：_____　检索号：__42153 - 1__

引导问题：

(1) 小组讨论，教师参与，确定任务工作单 42152 - 1 和 42152 - 2 的最优答案，并检讨自己存在的不足。

_____

_____

(2) 每组推荐 1 名小组长，进行小组汇报，根据汇报情况再次检查自己存在的不足。

_____

_____

4.2.1.6　评价反馈

任务工作单

组号：_____　姓名：_____　学号：_____　检索号：__4216 - 1__

自我评价表

班级		组名		日期	年　月　日
评价指标	评价内容			分数/分	分数评定
信息检索能力	能有效利用网络、图书资源查找有用的相关信息等；能将查到的信息有效地传递到工作中			10	
感知学习	是否能在学习中获得满足感、课堂生活的认同感			10	
参与态度、交流沟通	积极主动与教师、同学交流，相互尊重、理解、平等；与教师、同学之间是否能够保持多向、丰富、适宜的信息交流			10	
	能处理好合作学习和独立思考的关系，做到有效学习；能提出有意义的问题或能发表个人见解			10	
知识、能力获得	能说出刀片代号 SPHW200445TR 每一个号位的含义			10	
	能分析常见铣刀刀片的特点及应用场合			10	
	查阅刀具样本，能选择加工如图 4 - 1 所示零件粗铣顶面工序合适的刀片和刀柄			10	
	查阅刀具样本，能选择加工如图 4 - 1 所示零件铣键槽工序合适的刀片和刀柄			10	
辩证思维能力	是否能发现问题、提出问题、分析问题、解决问题、创新问题			10	

续表

班级		组名		日期	年 月 日
评价指标	评价内容			分数/分	分数评定
自我反思	按时按质地完成任务；较好地掌握知识点；具有较为全面、严谨的思维能力，并能条理清楚、明晰地表达成文			10	
	自评分数				
有益的经验和做法					

任务工作单

组号：_____ 姓名：_____ 学号：_____ 检索号：4216-2

小组内互评验收表

验收人组长		组名		日期	年 月 日
组内验收成员					
任务要求	能说出刀片代号 SPHW200445TR 每一个号位的含义；能分析常见铣刀刀片的特点及应用场合；查阅刀具样本，能选择加工如图 4-1 所示零件粗铣顶面工序合适的刀片和刀柄；查阅刀具样本，能选择加工如图 4-1 所示零件粗铣键槽工序合适的刀片和刀柄；文献检索目录清单，不少于 5 份				
文档验收清单	被评价人完成的 42152-1 任务工作单				
	被评价人完成的 42152-2 任务工作单				
	文献检索目录清单				
	评分标准			分数/分	得分
验收评分	能说出刀片代号 SPHW200445TR 每一个号位的含义，错一处扣 5 分			20	
	能分析常见铣刀刀片的特点及应用场合，错一处扣 5 分			20	
	查阅刀具样本，能选择加工如图 4-1 所示零件粗铣顶面工序合适的刀片和刀柄，错一处扣 5 分			20	
	查阅刀具样本，能选择加工如图 4-1 所示零件粗铣键槽工序合适的刀片和刀柄，错一处扣 5 分			20	
	文献检索目录清单，至少 5 份，少一份扣 5 分			20	
	评价分数				
总体效果定性评价					

任务工作单

被评组号：＿＿＿＿＿＿＿＿＿＿＿＿＿＿　　检索号：＿4216－3＿

小组间互评表

班级		评价小组		日期	年　月　日
评价指标		评价内容		分数/分	分数评定
汇报表述	表述准确			15	
	语言流畅			10	
	准确反映该组完成情况			15	
内容正确度	内容正确			30	
	句型表达到位			30	
	互评分数				

任务工作单

组号：＿＿＿＿＿　姓名：＿＿＿＿＿　学号：＿＿＿＿＿　检索号：＿4216－4＿

二维码 4－12

任务完成情况评价表

任务名称		铣刀刀片及刀柄选用			总得分		
评价依据		学生完成任务后的任务工作单					
序号	任务内容及要求		配分/分	评分标准	教师评价		
					结论		得分
1	能说出刀片代号 SPHW200445TR 每一个号位的含义	描述正确	20	错误一处扣2分			
2	能分析常见铣刀刀片的特点及应用场合	特点分析正确	10	错误一处扣2分			
		应用场合表达清楚	10	错误一处扣2分			
3	查阅刀具样本，能选择加工如图4－1所示零件粗铣顶面工序合适的刀片和刀柄	刀片选择正确	10	错误不得分			
		刀柄选择正确	10	错误不得分			
	查阅刀具样本，能选择加工如图4－1所示零件粗铣键槽工序合适的刀片和刀柄	刀片选择正确	10	错误不得分			
		刀柄选择正确	10	错误不得分			

续表

任务名称	铣刀刀片及刀柄选用			总得分		
评价依据	学生完成任务后的任务工作单					
序号	任务内容及要求		配分/分	评分标准	教师评价	
					结论	得分
4	文献检索目录清单	清单数量	10	缺一个扣2分		
5	素质素养评价	(1) 沟通交流能力	10	酌情赋分,但违反课堂纪律,不听从组长、教师安排,不得分		
		(2) 团队合作				
		(3) 课堂纪律				
		(4) 合作探学				
		(5) 自主研学				

二维码 4-13

任务二　铣削条件确定

4.2.2.1　任务描述

加工如图 4-1 所示滑道零件，在前述内容中已经选择了铣平面、铣台阶和铣槽用的刀具，并确定了相应的铣削方式，在这里请同学们根据工艺文件的要求，为每一工序和工步确定铣削用量。

4.2.2.2　学习目标

1. 知识目标

（1）掌握铣削用量四要素及其含义；
（2）掌握选择铣削用量的方法。

2. 能力目标

（1）能识别出铣削加工示意图中的铣削用量四要素；
（2）能根据加工要求选择合适的铣削用量。

3. 素养素质目标

（1）培养刻苦钻研、严谨、耐心的意志；
（2）培养善于综合各方面的因素和综合分析问题的能力。

4.2.2.3　重难点

1. 重点

铣削用量的定义。

2. 难点

铣削用量的选择。

4.2.2.4　相关知识链接

1. 铣削用量

如图 4-12 所示，铣削用量如下：
（1）背吃刀量 a_p：指平行于铣刀轴线测量的切削层尺寸。圆周铣削时，a_p 为被加工表面的宽度；端铣时，a_p 为切削层深度。
（2）侧吃刀量 a_e：指垂直于铣刀轴线测量的切削层尺寸。圆周铣削时，a_e 为切削层深度；端铣时，a_e 为被加工表面宽度。
（3）进给量：铣削时进给量有三种表示方法。
①每齿进给量 f_z：指铣刀每转过一个刀齿时，铣刀相对于工件在进给运动方向上的位移量，单位为 mm/z。
②进给量 f：指铣刀每转过一转时，铣刀相对于工件在进给运动方向上的位移量，单位为 mm/z。

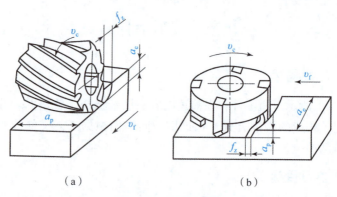

图 4-12 铣削用量

(a) 圆周铣削；(b) 端面铣削

③进给速度 v_f：指铣刀切削刃选定点相对于工件进给运动的瞬时速度，单位为 mm/min。

三者之间的关系为

$$v_f = nf = nzf_z \tag{4-3}$$

式中：z——铣刀齿数；

n——铣刀转速，r/min。

(4) 铣削速度 v_c：指铣刀切削刃选定点相对于工件主运动的瞬时速度，单位为 m/min。可按下式计算：

$$v_c = \frac{\pi dn}{1\,000} \tag{4-4}$$

式中：d——铣刀直径，mm；

n——铣刀转速，r/min。

2. 铣削用量的选择

合理地选择铣削用量直接关系到铣削效果的好坏，即影响到能否达到高效、低耗及优质的加工效果。选择铣削用量应满足以下基本要求：

(1) 保证铣刀有合理的使用寿命，提高生产率和降低生产成本。

(2) 保证铣削加工质量，主要是保证铣削加工表面的精度和表面粗糙度达到图样要求。

(3) 不超过铣床允许的动力和转矩，不超过铣削加工工艺系统（刀具、工具、机床）的刚度和强度，同时又充分发挥它们的潜力。

上述三项基本要求，选择时应根据粗、精加工具体情况有所侧重。一般在粗铣加工时，应尽可能发挥铣刀、铣床的潜力和保证合理的铣刀使用寿命；精铣加工时，则首先要保证铣削加工精度和表面粗糙度，同时兼顾合理的铣刀寿命。

1) 铣削深度的选择

铣削深度的选择，即背吃刀量或侧吃刀量的选择。在周铣中，铣削深度为侧吃刀量；在端铣中，铣削深度为背吃刀量。而铣削宽度和刀具直径有关，一般要求端铣刀直径等于铣削宽度的 1.3～1.6 倍。铣削深度的选择主要由加工余量和对表面质量的要求决定：

（1）当工件表面粗糙度值要求为 $Ra = 12.5 \sim 25$ μm 时，如果圆周铣削加工余量小于 5 mm，端面铣削加工余量小于 6 mm，粗铣一次进给就可以达到要求。但是在余量较大、工艺系统刚性较差或机床动力不足时，可分为两次进给完成。

（2）当工件表面粗糙度值要求为 $Ra = 3.2 \sim 12.5$ μm 时，应分为粗铣和半精铣两步进行。粗铣时背吃刀量或侧吃刀量选取同前，粗铣后留 0.5~1.0 mm 余量，在半精铣时切除。

（3）当工件表面粗糙度值要求为 $Ra = 0.8 \sim 3.2$ μm 时，应分为粗铣、半精铣、精铣三步进行。半精铣时背吃刀量或侧吃刀量取 1.5~2 mm；精铣时，圆周铣侧吃刀量取 0.3~0.5 mm，面铣刀背吃刀量取 0.5~1 mm。

2）进给量的选择

粗铣时，进给量的提高主要是受刀齿强度及机床、夹具等工艺系统刚性的限制，铣削用量大时，还受机床功率的限制。因此在上述条件下，应尽量取得大些。

精铣时，限制进给量的主要因素是加工精度和表面粗糙度。每齿进给量越大，表面粗糙度值也越大。在表面粗糙度要求较小时，还要考虑到铣刀刀齿的刀刃或刀尖不一定在同一个旋转的圆周或平面上，在这种情况下铣出的平面将以铣刀一转为一个波纹。因此，精铣时，在考虑每齿进给量的同时，还需考虑每转进给量。扫描以下二维码，可以查看每齿进给量值的选择表，推荐的数值为各种常用铣刀在对不同工件材料进行铣削时的每齿进给量，粗铣时取较大值，精铣时取较小值。

二维码 4-14

2）铣削速度的选择

合理的铣削速度是在保证加工质量和铣刀寿命的条件下确定的。铣削时影响铣削速度的主要因素有：刀具材料的性质和刀具的寿命、工件材料的性质、加工条件及切削液的使用情况等。

粗铣时，由于金属切除量大，产生的热量多，切削温度高，为了保证合理的铣刀寿命，铣削速度要比精铣时低一些。在铣削不锈钢等韧性和强度高的材料，以及其他一些硬度和热强度等性能高的材料时，产生的热量更多，故铣削速度应降低。另外，粗铣时由于铣削力大，故还需考虑机床功率是否足够，必要时可适当降低铣削速度，以减小铣削功率。

精铣时，由于金属切除量小，所以在一般情况下，可采用比粗铣时高一些的铣削速度，且在提高铣削速度的同时，又将使铣刀的磨损速度加快，从而影响加工精度。因此，精铣时限制铣削速度的主要因素是加工精度和铣刀寿命。有时为了达到上述两个目的，常采用比粗铣时还要低的铣削速度，即低速铣削，尤其是在铣削加工面积大的工件，即一次铣削宽而长的加工面时，采用低速制可使刀刃和刀尖的磨损量极少，从而获得高的加工精度。扫描以下二维码，可以查询一般情况下铣削速度的推荐数值，在实际工作中需按实际情况加以修改。

二维码 4-15

4.2.2.5 任务实施

4.2.2.5.1 学生分组

学生分组表 4-5

班级		组号		授课教师	
组长		学号			
组员	姓名	学号		姓名	学号

4.2.2.5.2 完成任务工单

任务工作单

组号：_____ 姓名：_____ 学号：_____ 检索号：__42252-1__

引导问题：

（1）认真阅读图 4-1，以铣零件顶面为例，要达到表面粗糙度 $Ra3.2~\mu m$ 的要求，拟订的加工路线为粗铣—半精铣—精铣，请为此选择合适的刀具和切削用量，填入表 4-3。

表 4-3 铣顶面刀具和铣削用量

所选刀具规格	铣削深度 a_p/mm	进给速度 v_f/(mm·min^{-1})	切削速度 v_c/(m·min^{-1})
粗铣			
半精铣			
精铣			

任务工作单

组号：_____ 姓名：_____ 学号：_____ 检索号：__42252-2__

引导问题：

（1）认真阅读图 4-1，以铣零件台阶侧面要达到表面粗糙度 $Ra3.2~\mu m$ 的要求，拟订的加工路线为粗铣—半精铣—精铣，请为此选择合适的刀具和切削用量，填入表 4-4。

表 4-4　铣台阶侧面刀具和铣削用量

所选刀具规格			
	铣削深度 a_p/mm	进给速度 v_f/(mm·min^{-1})	切削速度 v_c/(m·min^{-1})
粗铣			
半精铣			
精铣			

4.2.2.5.3　合作探究

任务工作单

组号：_____　姓名：_____　学号：_____　检索号：__42253-1__

引导问题：

(1) 小组讨论，教师参与，确定任务工作单 42252-1 和 42252-2 的最优解决方案。

_____

_____

(2) 每位同学检讨自己存在的不足，并做好记录。

_____

_____

(3) 每一组推荐 1 名小组长汇报，再次检讨自己的不足，并记录。

_____

_____

4.2.2.6　评价反馈

任务工作单

组号：_____　姓名：_____　学号：_____　检索号：__4226-1__

自我评价表

班级		组名		日期	年　月　日
评价指标	评价内容			分数/分	分数评定
信息检索能力	能有效利用网络、图书资源查找有用的相关信息等；能将查到的信息有效地传递到工作中			10	
感知学习	是否能在学习中获得满足感、课堂生活的认同感			10	

续表

班级		组名		日期	年　月　日
评价指标	评价内容			分数/分	分数评定
参与态度、交流沟通	积极主动与教师、同学交流，相互尊重、理解、平等；与教师、同学之间是否能够保持多向、丰富、适宜的信息交流			10	
	能处理好合作学习和独立思考的关系，做到有效学习；能提出有意义的问题或能发表个人见解			10	
知识、能力获得	铣削如图4-1所示零件顶面时，能根据加工要求和加工路线（粗铣—半精铣—精铣），选择合适的刀具和切削用量			20	
	铣削如图4-1所示零件台阶侧面时，能根据加工要求和加工路线（粗铣—半精铣—精铣），选择合适的刀具和切削用量			20	
辩证思维能力	是否能发现问题、提出问题、分析问题、解决问题、创新问题			10	
自我反思	按时按质地完成任务；较好地掌握知识点；具有较为全面、严谨的思维能力，并能条理清楚、明晰地表达成文			10	
自评分数					
有益的经验和做法					

任务工作单

组号：_____　　姓名：_____　　学号：_____　　检索号：__4226-2__

小组内互评验收表

验收人组长		组名		日期	年　月　日
组内验收成员					
任务要求	铣削如图4-1所示零件顶面时，能根据加工要求和加工路线（粗铣—半精铣—精铣），选择合适的刀具和切削用量；铣削如图4-1所示零件台阶侧面时，能根据加工要求和加工路线（粗铣—半精铣—精铣），选择合适的刀具和切削用量；文献检索目录清单，不少于5份				
文档验收清单	被评价人完成的42252-1任务工作单				
	被评价人完成的42252-2任务工作单				
	文献检索目录清单				

续表

评分标准		分数/分	得分
验收评分	铣削如图 4-1 所示零件顶面时，能根据加工要求和加工路线（粗铣—半精铣—精铣），选择合适的刀具和切削用量，错一处扣 5 分	40	
	铣削如图 4-1 所示零件台阶侧面时，能根据加工要求和加工路线（粗铣—半精铣—精铣），选择合适的刀具和切削用量，错一处扣 5 分	40	
	文献检索目录清单，至少 5 份，少一份扣 5 分	20	
	评价分数		
总体效果定性评价			

任务工作单

被评组号：_____　　检索号：__4226-3__

小组间互评表

班级		评价小组		日期	年　月　日
评价指标	评价内容			分数/分	分数评定
汇报表述	表述准确			15	
	语言流畅			10	
	准确反映该组完成情况			15	
内容正确度	内容正确			30	
	句型表达到位			30	
	互评分数				

二维码 4-16

任务工作单

组号：_____ 姓名：_____ 学号：_____ 检索号：4226-4

任务完成情况评价表

任务名称		铣削条件确定		总得分	
评价依据		学生完成任务后的任务工作单			
序号	任务内容及要求		配分/分	评分标准	教师评价
					结论 | 得分
1	铣削如图4-1所示零件顶面时，能根据加工要求和加工路线（粗铣—半精铣—精铣），选择合适的刀具和切削用量	刀具正确	20	错误一处扣5分	
		切削用量正确	20	错误一处扣5分	
2	铣削如图4-1所示零件台阶侧面时，能根据加工要求和加工路线（粗铣—半精铣—精铣），选择合适的刀具和切削用量分	刀具正确	20	错误一处扣5分	
		切削用量正确	20	错误一处扣2分	
3	文献检索目录清单	清单数量	10	缺一个扣2分	
4	素质素养评价	（1）沟通交流能力	10	酌情赋分，但违反课堂纪律、不听从组长、教师安排，不得分	
		（2）团队合作			
		（3）课堂纪律			
		（4）合作探学			
		（5）自主研学			

二维码4-17

模块五　孔加工及刀具应用

项目一　孔加工刀具认识

任务一　孔加工刀具的种类及认识

5.1.1.1　任务描述

如图 5-1 所示法兰端盖和图 5-2 所示轴承套，请仔细分析一下，若想完成两个零件孔的加工，请选择孔加工刀具的种类。

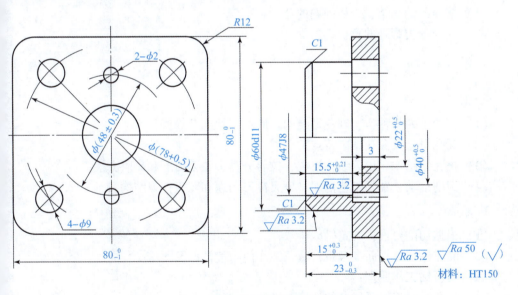

图 5-1　法兰端盖

5.1.1.2　学习目标

1. 知识目标

（1）掌握常用孔加工刀具的分类、特点及应用；
（2）掌握钻削、铰削、镗削及深孔加工的特点及刀具。

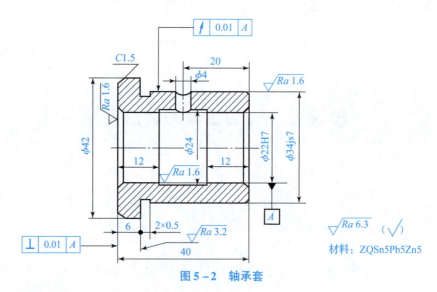

图 5-2 轴承套

2. 能力目标

(1) 能根据工件上孔的类型,选择合适的孔加工刀具;
(2) 能根据刀具及工件材料,确定切削参数。

3. 素养素质目标

(1) 培养归纳总结、分析问题的意识;
(2) 培养分类管理的意识。

5.1.1.3 重难点

1. 重点

(1) 孔加工刀具种类、麻花钻结构、麻花钻缺陷及修磨;
(2) 深孔概念及深孔钻削特点;
(3) 扩孔钻结构、铰刀结构组成、铰刀分类、铰刀刃磨和研磨方法;
(4) 镗削运动、镗削工艺范围、单刃镗刀用途和双刃镗刀结构。

2. 难点

(1) 根据切削要素,确定机床参数;
(2) 麻花钻辅助平面参考系,麻花钻几何角度概念及图示;
(3) 喷吸钻工作原理;
(4) 铰孔时铰刀极限尺寸的计算,机铰时铰削用量的选择;
(5) 单刃镗刀镗刀头调整方法、浮动式镗刀调整方法。

5.1.1.4 相关知识链接

1. 孔加工刀具的种类及用途

在工件实体材料上钻孔或扩大已有孔的刀具称为孔加工刀具。在金属切削中,孔加工刀具应用十分广泛,一般约占机械加工总量的1/3,其中钻孔约占25%。这些孔加工刀有着共同的特点：刀具均在工件内表面切削，切削情况不易观察，刀具的结构尺寸受工件孔径尺寸长度和形状的限制。在设计和使用时，孔加工刀具的强度、刚性、导向、容屑、排屑和冷却润滑等都比切削外表面时问题更突出。

由于孔的形状、规格、精度要求和加工方法各不相同，故孔加工刀具种类有很多，按其用途可分两类：一类是在实体材料上加工孔的刀具，如麻花钻、中心钻及深孔钻等；另一类是对已有孔进行再加工的刀具，如扩孔钻、锪钻、铰刀、镗刀及圆拉刀等。

1) 在实体材料上加工孔的刀具

(1) 扁钻。

扁钻是最早使用的钻孔工具，它的结构简单、刚度好、制造成本低、刃磨方便、切削液容易导入孔中，但切削和排屑性能较差。其在微孔（<ϕ1 mm）及较大孔（>ϕ38 mm）加工中还是比较方便、经济的。近十几年来经过改进的扁钻，应用还是比较多的。扁钻有整体式［见图 5-3 (a)］和装配式［见图 5-3 (b)］两种，前者常用于较小直径（<ϕ12 mm）孔的加工，后者适用于较大直径（>ϕ63.5 mm）孔的加工。

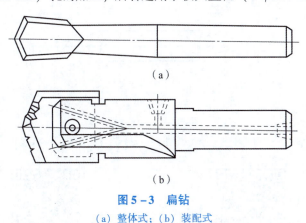

图 5-3　扁钻
(a) 整体式；(b) 装配式

(2) 麻花钻。

麻花钻是孔加工刀具中应用最为广泛的工具，特别适合直径小于 ϕ30 mm 孔的粗加工。生产中也有把大一点的麻花钻作为扩孔钻使用的。麻花钻按其制造材料的不同，分为高速钢麻花钻和硬质合金麻花钻。在钻孔中以高速钢麻花钻为主。

(3) 中心钻。

中心钻主要用于加工轴类零件的中心孔，如图 5-4 所示，根据其结构特点分为无护锥 A 型中心钻和带护锥 B 型、R 型中心钻三种。钻孔前，先打中心孔，有利于钻头的导向，防止孔的偏斜。

(4) 深孔钻。

通常把孔深与直径之比大于 5 倍的孔称为深孔，加工所用的钻称为深孔钻。深孔钻有很多种，常用的有外排屑深孔钻、内排屑深孔钻、喷吸钻及套料钻等。

深孔钻由于切削液不易达到切削区域，故刀具的冷却、散热条件差，切削温度高，刀具寿命降低；再加上刀具细长，刚度较差，钻孔时容易发生引偏和振动。因此为保证孔加工质量和深孔钻的寿命，深孔钻在结构上必须解决断屑、排屑、冷却润滑和导向问题。

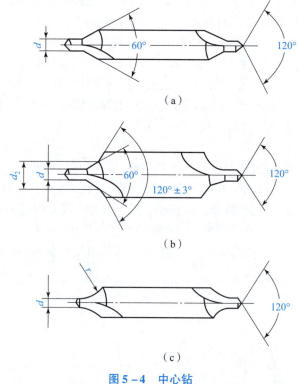

图 5-4 中心钻

(a) A 型——不带护锥；(b) B 型——带护锥；(c) R 型——弧形中心钻

二维码 5-1　中心钻拓展知识　　　二维码 5-2　深孔钻拓展知识

2) 对已有孔加工的刀具

(1) 扩孔钻。

扩孔钻是用来扩大已有孔的孔径或提高孔的加工精度的刀具，它既可以用作孔的最终加工，也可以作为铰孔或磨孔的预加工，在成批或大批生产时应用较广。它所达到的精度等级为 IT10~IT9，表面粗糙度值为 Ra 为 6.3~3.2 μm。

扩孔钻外形与麻花钻相似，但齿数较多，通常有 3~4 齿。切削刃不通过中心，无横刃，钻心直径较大，故扩孔钻的强度和刚性均比麻花钻好，可选择较大切削用量；加工时导向性好，切削过程平稳，能改善加工质量；同时，相对于麻花钻，扩孔钻能避免横刃引起的不良影响，提高了生产效率。

扩孔钻的直径规格一般为 $\phi 10$~$\phi 100$ mm，直径小于 $\phi 15$ mm 一般不扩孔。如果孔径较大（$d > 30$ mm），则所用麻花钻直径也较大，横刃长，进给力大，钻孔时很费力，这时可分两次钻削。第一次钻出直径为 $(0.6~0.8)d$ 的孔，第二次扩削到所需的孔径 d。扩孔钻按刀具切削部分材料来分，有高速钢和硬质合金两种。常见的结构形式有高速钢整体式［见图 5-5（a）］、镶齿套式［见图 5-5（b）］和硬质合金可转位式等。国家标准规定，高速钢扩孔钻 $\phi7.8\sim\phi50$ mm 做成锥柄，$\phi25\sim\phi100$ mm 做成套式。在小批量生产时，常用麻花钻改制。对于大直径的扩孔钻，常采用机夹可转位式。

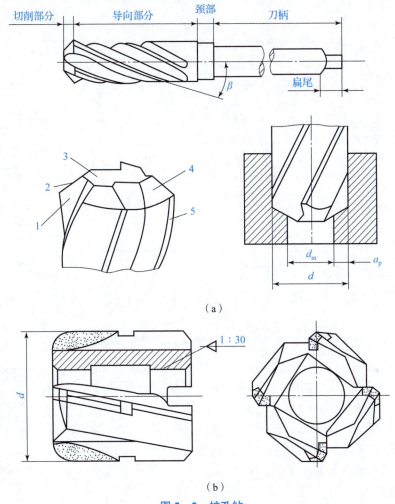

图 5-5　扩孔钻
(a) 高速钢整体扩孔钻；(b) 硬质合金镶齿套式扩孔钻
1—前刀面；2—主切削刃；3—钻心；4—后刀面；5—刃带

(2) 锪钻。

锪钻用于在空的端面上加工各种圆柱形沉头孔、锥形沉头孔或凹台表面。锪钻可采用高速钢整体结构或硬质合金镶齿结构，其中以硬质合金锪钻应用较广。常见的锪钻有三种：圆柱形沉头孔锪钻、锥形沉头孔锪钻及端面凸台锪钻。单件或小批生产时，常把麻花钻修磨成锪钻使用。

图 5-6 (a) 所示为带导柱平底锪钻，用于加工六角头螺栓、带垫片的六角螺母、圆柱头螺钉的圆柱形沉头孔。这种锪钻在端面和圆周上都有刀齿，并且有一个导向柱，以保证沉头孔及其端面对圆柱孔的同轴度及垂直度；导向柱可以拆卸，以利于制造和重磨。

模块五　孔加工及刀具应用　189

图5-6(b)所示为带导柱锥面锪钻,其切削刃分布在圆锥面上,可对孔的锥面进行加工。

图5-6(c)所示为不带导柱锥面锪钻,用于加工锥角为60°、90°、120°的沉头螺钉的沉头孔。

图5-6(d)所示为端面锪钻,这种锪钻只有端面上有切削齿,以刀杆来导向,以保证加工平面与孔垂直,主要用于加工孔的内端面。

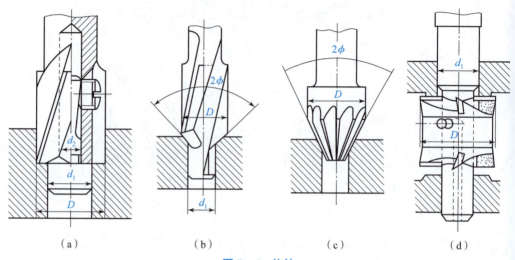

图5-6 锪钻

(a)带导柱平底锪钻;(b)带导柱锥面锪钻;(c)不带导柱锥面锪钻;(d)端面锪钻

(3)铰刀。

铰刀是对中小尺寸的孔进行精加工和半精加工的常用刀具。由于铰削余量小(一般小于0.1 mm),铰刀齿数较多(4~16个),槽底直径大,导向性和刚度好,因此,铰削的加工精度和生产率都比较高,在生产中得到了广泛的应用。铰孔后的精度可达IT7~IT6级,甚至达IT5级,表面粗糙值为$Ra1.6~\mu m~0.4~\mu m$。

二维码5-3 锪孔拓展知识

(4)镗刀。

镗刀是一种很常见的对工件已有孔进行再加工的刀具。在许多机床上都可以用镗刀镗孔(如车床、铣床、镗床、数控机床、加工中心及组合机床等),可以用于较大直径(孔径大于80 mm)的通孔和不通孔的粗加工、半精加工和精加工,就其切削部分而言,与外圆车刀没有本质的区别。镗孔的加工精度可达IT8~IT7,表面粗糙度值为$Ra1.6~0.8~\mu m$。

与其他加工方法相比,镗孔的一个突出优点是,可以用一种镗刀加工一定范围内各种不同直径的孔,尤其是直径很大的孔,它几乎是可供选择的唯一方法。此外,镗孔可以修正上一工序所产生的孔的相互位置误差,这一点是其他很多孔加工方法难以做到的。

由于镗刀和镗杆截面尺寸及长度受到所镗孔径、深度的限制,所以镗刀和镗杆的刚度比较差,容易产生变形和振动,切削液的注入和排屑也比较困难,且观察和测量不便,所以生产率较低。

二维码 5-4　铰孔拓展知识　　　二维码 5-5　拉孔拓展知识

5.1.1.5　任务实施

5.1.1.5.1　学生分组

学生分组表 5-1

班级		组号		授课教师	
组长		学号			
组员	姓名		学号	姓名	学号

5.1.1.5.2　完成任务工单

任务工作单

组号：＿＿＿＿　姓名：＿＿＿＿　学号：＿＿＿＿　检索号：＿51152-1＿

引导问题：

（1）认真阅读如图 5-1 所示零件图，确定 $2 \times \phi 2$ mm、$4 \times \phi 9$ mm、$\phi 22^{+0.5}_{\ 0}$ mm 的特征要素和加工路线，见表 5-1。

表 5-1　确定特征要素和加工路线

序号	加工内容	特征要素	加工路线
1	$2 \times \phi 2$ mm		
2	$4 \times \phi 9$ mm		
3	$\phi 22^{+0.5}_{\ 0}$ mm		

（2）简述钻、扩、铰的工艺特点。

任务工作单

组号：_____ 姓名：_____ 学号：_____ 检索号：__51152-2__

引导问题：

根据如图 5-1 所示零件图，如果 4×φ9 mm 改为带台阶的沉头孔，应如何加工并简述沉头孔的类型。

_____

_____

_____

5.1.1.5.3　合作探究

任务工作单

组号：_____ 姓名：_____ 学号：_____ 检索号：__51153-1__

引导问题：

（1）小组讨论，教师参与，确定任务工作单 51152-1 和 51152-2 的最优答案并检讨自己存在的不足。

_____

_____

（2）选小组长汇报，再次检查自己的不足。

_____

_____

5.1.1.6　评价反馈

任务工作单

组号：_____ 姓名：_____ 学号：_____ 检索号：__5116-1__

自我评价表

班级		组名		日期	年　月　日
评价指标	评价内容			分数/分	分数评定
信息检索能力	能有效利用网络、图书资源查找有用的相关信息等；能将查到的信息有效地传递到工作中			10	
感知学习	是否能在学习中获得满足感、课堂生活的认同感			10	
参与态度、交流沟通	积极主动与教师、同学交流，相互尊重、理解、平等；与教师、同学之间是否能够保持多向、丰富、适宜的信息交流			10	
	能处理好合作学习和独立思考的关系，做到有效学习；能提出有意义的问题或能发表个人见解			10	

续表

班级		组名		日期	年 月 日
评价指标	评价内容			分数/分	分数评定
知识、能力获得	<table><tr><td>序号</td><td>加工内容</td><td>特征要素</td><td>加工路线</td></tr><tr><td>1</td><td>$2 \times \phi 2$ mm</td><td></td><td></td></tr><tr><td>2</td><td>$4 \times \phi 9$ mm</td><td></td><td></td></tr><tr><td>3</td><td>$\phi 22_{\ 0}^{+0.5}$ mm</td><td></td><td></td></tr></table>			20	
	能明白钻、扩、铰的工艺特点,并合理利用			10	
	根据如图5-1所示零件图,如果$4 \times \phi 9$ mm改为带台阶的沉头孔,分析如何加工,并知道沉头孔的类型			10	
辩证思维能力	是否能发现问题、提出问题、分析问题、解决问题、创新问题			10	
自我反思	按时按质地完成任务;较好地掌握知识点;具有较为全面、严谨的思维能力,并能条理清楚、明晰地表达成文			10	
	自评分数				
有益的经验和做法					

任务工作单

组号:_____ 姓名:_____ 学号:_____ 检索号:__5116-2__

小组内互评验收表

验收人组长		组名		日期	年 月 日
组内验收成员					
任务要求	阅读如图5-1所示零件图,确定$2 \times \phi 2$ mm、$4 \times \phi 9$ mm、$\phi 22_{\ 0}^{+0.5}$ mm的特征要素和加工路线;能分析钻、扩、铰的工艺特点;根据如图5-1所示零件图,如果$4 \times \phi 9$ mm改为带台阶的沉头孔,能分析如何加工,并知道沉头孔的类型;文献检索目录清单,不少于5份				
文档验收清单	被评价人完成的51152-1任务工作单				
	被评价人完成的51152-2任务工作单				
	文献检索目录清单				

续表

评分标准		分数/分	得分
验收评分	阅读如图 5-1 所示零件图,确定 $2\times\phi2$ mm、$4\times\phi9$ mm、$\phi22_{\ 0}^{+0.5}$ mm 的特征要素和加工路线,错一处扣 5 分	25	
	能分析钻、扩、铰的工艺特点,错一处扣 5 分	25	
	根据如图 5-1 所示零件图,如果 $4\times\phi9$ mm 改为带台阶的沉头孔,能分析如何加工,并知道沉头孔的类型,错一处扣 5 分	25	
	文献检索目录清单,至少 5 份,少一份扣 5 分	25	
评价分数			
总体效果定性评价			

任务工作单

被评组号:＿＿＿＿＿＿＿＿＿＿＿＿＿＿＿＿　检索号:　5116-3

小组间互评表

班级		评价小组		日期	年　月　日
评价指标	评价内容			分数/分	分数评定
汇报表述	表述准确			15	
	语言流畅			10	
	准确反映该组完成情况			15	
内容正确度	内容正确			30	
	句型表达到位			30	
	互评分数				

任务工作单

组号:＿＿＿＿＿　姓名:＿＿＿＿＿＿　学号:＿＿＿＿＿＿　检索号:　5116-4

任务完成情况评价表

任务名称	孔加工刀具的种类及认识			总得分		
评价依据	学生完成任务后的任务工作单					
序号	任务内容及要求		配分/分	评分标准	教师评价	
					结论	得分
1	阅读如图 5-1 所示零件图,确定 $2\times\phi2$ mm、$4\times\phi9$ mm、$\phi22_{\ 0}^{+0.5}$ mm 的特征要素和加工路线	特征要素分析正确	20	错误一处扣 5 分		
		加工路线正确	20	错误一处扣 5 分		

二维码 5-6

续表

任务名称	孔加工刀具的种类及认识			总得分		
评价依据	学生完成任务后的任务工作单					
序号	任务内容及要求		配分/分	评分标准	教师评价	
					结论	得分
2	能分析钻、扩、铰的工艺特点	分析正确	10	错误一处扣2分		
		应用分析正确	10	错误一处扣2分		
3	根据如图5-1所示零件图，如果4×φ9 mm改为带台阶的沉头孔，能分析如何加工，并熟悉沉头孔的类型	加工方法正确	10	错误不得分		
		熟悉沉头孔的类型	10	错误一处扣2分		
4	文献检索目录清单	清单数量	10	缺一个扣2分		
5	素质素养评价	(1) 沟通交流能力	10	酌情赋分，但违反课堂纪律，不听从组长、教师安排，不得分		
		(2) 团队合作				
		(3) 课堂纪律				
		(4) 合作探学				
		(5) 自主研学				

二维码5-7

任务二　孔加工刀具的结构认知

5.1.2.1　任务描述

如前述图5-1所示法兰端盖和图5-2所示轴承套，请仔细分析一下若想完成两个零件孔的加工，需要选择刀具的结构。

5.1.2.2　学习目标

1. 知识目标

(1) 掌握常用孔加工刀具的结构；
(2) 掌握常用刀具的修磨方法。

2. 能力目标

(1) 能够绘制常用孔加工刀具组成及几何角度参数；
(2) 能够根据刀具角度参数测量刀具几何角度；

3. 素养素质目标

(1) 培养精益求精、专心细致的工作作风；
(2) 培养规则意识和标准意识。

5.1.2.3　重难点

1. 重点

(1) 麻花钻结构、扩孔钻结构、铰刀结构组成；
(2) 单刃镗刀、浮动镗刀结构。

2. 难点

(1) 麻花钻结构、铰刀结构；
(2) 单刃镗刀结构、浮动式镗刀结构。

5.1.2.4　相关知识链接

1. 麻花钻

麻花钻是目前孔加工中应用最广的刀具，它主要用来在实体材料上钻出较低精度的孔，或作为攻螺纹、扩孔、铰孔和镗孔的预加工。麻花钻有时也可当作扩孔钻用，钻孔直径为 $\phi 0.1 \sim \phi 80$ mm，一般加工精度为 IT13～IT11，表面粗糙度值为 Ra12.5～6.3 μm。在加工 $\phi 30$ mm 以下的孔时，现仍以麻花钻为主。

按刀具材料不同，麻花钻分为高速钢麻花钻和硬质合金麻花钻。高速钢麻花钻种类很多，本节重点介绍。按柄部分类，有直柄和锥柄之分。直柄一般用于小直径钻头；锥柄一般用于大直径钻头。按长度分类，则有基本型和短、长、加长、超长等各型钻头。

1) 麻花钻的组成

标准麻花钻由柄部、颈部和工作部分构成，如图 5-7（a）所示。

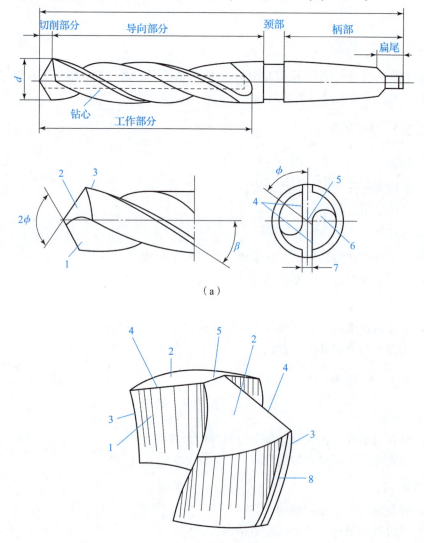

图 5-7 麻花钻的组成

1—前刀面；2—后刀面；3—副切削刃；4—主切削刃；5—横刃；6—螺旋槽；7—棱边；8—副后刀面

（1）柄部：柄部是钻头的装夹部分，用于与机床的连接并传递转矩。当钻头直径小于 $\phi13$ mm 时通常采用直柄（圆柱柄），大于 $\phi12$ mm 时则采用莫氏锥柄。锥柄后端制出扁尾，其作用是供楔铁把钻头从莫氏锥套中卸下。在钻削时，扁尾可防止钻头与莫氏锥套打滑。

（2）颈部：颈部是柄部和工作部分之间的连接部分，作为磨削时砂轮退刀和打印标记（钻头的规格及厂标）用。为制造方便，直柄麻花钻一般不制作颈部。

（3）工作部分：麻花钻的工作部分有两条螺旋槽，其外形因很像麻花而得名。它是钻头的主要部分，由切削部分和导向部分组成。

2）麻花钻的结构参数

麻花钻的结构参数是指钻头在制造时控制的尺寸和有关角度，它们是决定钻头几何形状的独立参数，包括直径 d、钻心直径 d_o 和螺旋角 β 等。

（1）直径 d：是指钻头两刃带间的垂直距离。标准麻花钻的直径系列国家标准已有规定。为了减少刃带与工件孔壁间的摩擦，直径做成向钻柄方向逐渐减小，形成倒锥，相当于副偏角的作用，其倒锥量一般为 0.03～0.12 mm/100 mm。

（2）钻心直径 d_o：是指钻心与两螺旋槽底相切圆的直径，它直接影响钻头的刚性与容屑空间的大小。一般钻心直径为 0.125～0.15 倍的钻头直径。对标准麻花钻而言，为提高钻头的刚性和强度，钻心直径制成向钻柄方向逐渐增大的正锥，如图 5-8 所示，其正锥量一般为 1.4～2 mm/100 mm。

二维码 5-8　麻花钻简介

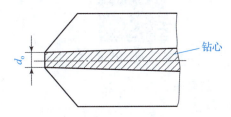

图 5-8　钻心直径

（3）螺旋角 β：是指钻头刃带棱边螺旋线展开成直线后与钻头轴线间的夹角，如图 5-7（a）所示。螺旋角实际就是钻头的进给前角，因此螺旋角越大，钻头的进给前角越大，钻头越锋利。但螺旋角过大，钻头刚性变差，散热条件变坏。麻花钻不同直径处的螺旋角不同，外径处螺旋角最大，越接近中心螺旋角越小。一般高速钢的螺旋角为：当钻头直径小于 ϕ10 mm 时，β = 18°～28°；当钻头直径为 ϕ10～ϕ80 mm 时，β = 30°。螺旋角的方向一般为右旋。

3）麻花钻的几何参数

麻花钻的两条主切削刃相当于两把反向安装的车孔刀切削刃，切削刃不过轴线且相互错开，其距离为钻心直径，相当于车孔刀的切削刃高于工件中心。表示钻头几何角度所用的坐标平面，其定义与本书中从车刀引出的相应定义相同。

二维码 5-9　麻花钻几何角度

4）麻花钻的缺陷与修磨

（1）标准麻花钻的缺陷。

标准麻花钻由于本身结构的原因，存在以下缺陷：

①主切削刃方面：主切削刃上各点前角不相等，从外径到钻心处，由 +30°至 -30°，各点切削条件相差很大，切削速度方向也不同。同时，主切削刃较长，切削宽度大，各点的切屑流出速度和方向不同，互相牵制不利于切屑的卷出，切削液也不易注入切削区，排屑与冷却不利。另外，主切削刃外径处的切削速度高，切削温度高，切削刃易磨损。

②横刃方面：横刃较长，引钻时不易定中心，钻削时容易使孔钻偏。同时，横刃处的前角为较大的负值，钻心处的切削条件较差，轴向力大。

③刃带棱边：刃带棱边处无副后角（α_o'），摩擦严重，主切削刃与刃带棱边转角处的切削速度最高，刀尖角又较小，热量集中、不易传散，磨损最快，也是钻头最薄弱的

部位。

标准麻花钻结构上的这些特点,严重影响了它的切削性能,因此在使用中常常加以修磨。

(2) 麻花钻的修磨。

麻花钻的修磨是指在普通刃磨的基础上,针对钻头某些不够合适的结构参数进行的补充刃磨。在使用过程中可采用修磨麻花钻的刃形及几何角度的方法,来充分发挥钻头的切削性能,保证加工质量和提高钻孔效率。关于麻花钻的修磨扫以下二维码,可以了解更多信息。

二维码 5-10　麻花钻刃磨

二维码 5-11　麻花钻修磨

5) 先进钻头

(1) 群钻。

群钻是针对标准麻花钻的缺陷,经过综合修磨后而形成的新钻型,在长期的生产实践中已演化扩展成一整套钻型。群钻的刃磨主要包括磨出月牙槽、修磨横刃和开分屑槽等。群钻共有七条切削刃,外形上呈现三个尖。其主要特点是:三尖七刃锐当先,月牙弧槽分两边,一侧外刃开屑槽,横刃磨低窄又尖。

二维码 5-12　群钻

(2) 硬质合金麻花钻。

硬质合金麻花钻有整体式、镶片式和可转位式等结构。加工硬脆材料,如铸铁、玻璃、大理石、花岗石、淬硬钢及印刷电路板等复合层压材料,采用硬质合金钻头时,可显著提高切削效率。

小直径($d \leq 5$ mm)的硬质合金钻头都做成整体结构;直径 $d > 5$ mm 的硬质合金钻头可做成镶片结构,其切削部分相当于一个扁钻。刀片材料一般用 YG8,刀体材料采用 9SiCr,并淬硬到 50~55HRC。其目的是提高钻头的强度和刚性,减小振动,便于排屑,防止刀片碎裂。硬质合金可转位钻头选用凸三角形、三边形、六边形、圆形或菱形硬质合金刀片,用沉头螺钉将其夹紧在刀体上,一个刀片靠近中心,另一个在外径处切削时可起到分屑作用。如果采用涂层刀片,切削性能可获得进一步提高。这种钻头适用的直径范围为 $d = 16~60$ mm,钻孔深度不超过 (3.5~4)d,其切削效率比高速钢提高 3~10 倍。

2. 铰刀

铰刀是对预制孔进行半精加工或精加工的多刃刀具,常用于钻孔或扩孔等工序之后。因铰削加工余量小、齿数多 (4~12 个)、刚性和导向性好,故工作平稳,加工精度可达 IT7~IT6 级,甚至可达 IT5 级,表面粗糙度为 $Ra1.6~0.4$ μm。它可以加工圆柱孔、圆锥孔、通孔和不通孔,可以在钻床、车床、组合机床、数控机床和加工中心等多种

二维码 5-13　硬质合金钻头

机床上进行，也可以用手工铰削。所以铰削是一种应用非常广泛的孔加工方法。

1）铰刀的种类

铰刀按精度等级可分为三级，分别适用于铰削 H7、H8、H9 级的孔。

铰刀按使用方式可分为手用铰刀和机用铰刀两大类。机用铰刀由机床引导方向，导向性好，故工作部分尺寸短。手用铰刀的柄部为圆柱形，尾部制成方头，以便于使用。

图 5-9（d）所示为手用铰刀，其主偏角 κ_r 小，工作部分长，常用直径为 φ1～φ71 mm，适用于单件小批生产或在装配中铰削圆柱孔。图 5-9（e）所示为可调节手用铰刀，铰刀刀片装在刀体的斜槽内，并靠两端有内斜面的螺母夹紧，旋转两端螺母，推动刀片在斜槽内移动，使其直径有微量伸缩，常用直径为 φ6.5～φ100 mm。这种铰刀常用于机器修配场合。机用铰刀可分为高速钢机用铰刀和硬质合金机用铰刀。高速钢机用铰刀直径 φ1～φ20 mm 做成直柄［见图 5-9（a）］，直径 φ5.5～φ50 mm 做成锥柄［见图 5-9（b）］，直径 φ25～φ100 mm 做成套式，它们用于成批生产中低速机动铰孔。硬质合金机用铰刀直径 φ6～φ20 mm 做成直柄，φ8～φ40 mm 做成锥柄［见图 5-9（c）］，它们用于成批生产中机动铰削普通材料、难加工材料的孔。

铰刀按孔加工的形状可分为圆柱铰刀和圆锥铰刀。图 5-9（g）所示为铰削 0～6 号莫氏锥度锥孔的圆锥铰刀，由于加工余量大，故通常是两把刀组成一套，粗铰刀上有分屑槽。图 5-9（h）所示为用于铰削 1∶50 锥度的销子孔铰刀，常用直径为 φ0.6～φ50 mm。上述各种铰刀均有国家标准。

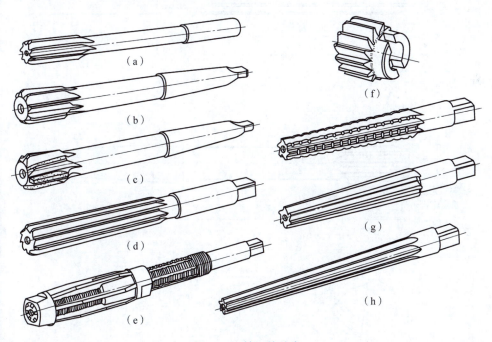

图 5-9 铰刀的种类

2）铰削的特点

铰刀是定尺寸工具，一把铰刀只能加工一种尺寸和一种精度要求的孔，且直径大于 φ80 mm 的孔不适宜铰削。由于铰削余量小，一般为 0.05～0.2 mm，因此铰削时的

切削厚度 h_D 很薄，此时，在切削刃与校准刃之间的过渡部分形成一段切削厚度极薄的区域。由于铰刀切削刃存在一定的钝圆半径 r_n，所以经常在 $h_D < r_n$ 的情况下进行切削。此时其切削作用的前角为负值，因而产生挤刮作用。经受挤刮作用的已加工表面弹性恢复，又受到校准部分后角为 0° 的刃带挤压与摩擦，所以铰削过程是个非常复杂的切削、挤压与摩擦的过程。另外，铰削速度较低（<10 m/min），易产生积屑瘤，使孔径扩大并增加表面粗糙度值。由于铰刀切削量小，为防止铰刀轴线与主轴轴线相互偏斜而引起孔轴线歪斜、孔径扩大等现象，铰刀与机床主轴之间常采用浮动连接。当采用浮动连接时，铰削不能校正底孔轴线的偏斜，故孔的位置精度应由前道工序来保证。

3）铰刀的结构

如图 5-10 所示，铰刀由工作部分、颈部和锥柄组成。工作部分包括引导锥、切削部分和校准部分，其中校准部分又分为圆柱部分和倒锥部分。引导锥对于手用铰刀仅起便于铰刀引入预制孔的作用；切削部分呈锥形，担负主要的切削工作；校准部分用于校准孔径、修光孔壁与导向。校准部分的后部具有很小的倒锥，其倒锥量为（0.005~0.006）mm/100 mm，用于减少与孔壁之间的摩擦和防止铰削后孔径扩大。对于手用铰刀，为增强导向作用，校准部分应做得长些；对于机用铰刀，为减少机床主轴与铰刀同轴度误差的影响及避免扩大摩擦，应做得短些。

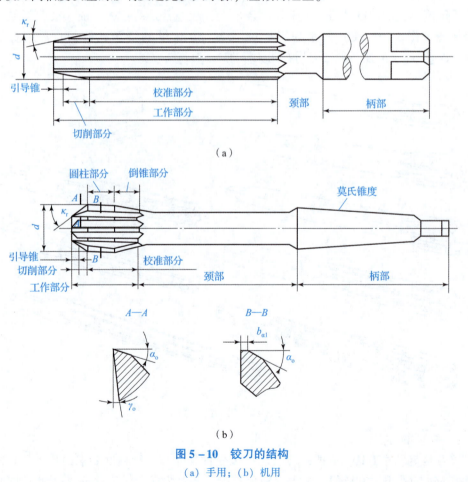

图 5-10 铰刀的结构
(a) 手用；(b) 机用

4) 铰刀的直径和公差

铰刀的直径与公差是指铰刀校准部分的直径和公差，因为被铰孔的尺寸和形状的精度最终是由它决定的。铰刀直径的基本尺寸应等于被铰孔直径的基本尺寸，而铰刀直径的公差则与被铰孔的公差、铰刀本身的制造公差、铰刀使用时所需的磨损储备量和铰削后可能产生的孔径扩张量或收缩量有关。

铰削时由于切削振动、刀齿的径向圆跳动、刀具与工件的安装偏差以及积屑瘤等，常会产生铰出的孔径大于铰刀直径的"扩张"现象；但是，有时也会因孔和工件弹性变形或热变形的恢复，而出现铰出的孔径小于铰刀直径的"收缩"现象。一般扩张量在0.003~0.02 mm，收缩量为0.005~0.02 mm。铰孔后是产生扩张还是收缩由经验或试验判定。经验表明，用高速钢铰刀铰孔一般会发生扩张，用硬质合金铰刀铰孔一般会发生收缩。

图5-11（a）所示为产生扩张时铰刀直径及其公差分布图。被加工孔的最大直径与最小直径分别为d_{wmax}和d_{wmin}，若已知铰孔时产生的最大与最小扩张量分别为P_{max}和P_{min}，铰刀制造公差为G，则铰刀制造时的最大和最小极限尺寸应为

$$d_{max} = d_{wmax} - P_{max} \tag{5-1}$$

$$d_{min} = d_{wmax} - P_{max} - G \tag{5-2}$$

若铰孔后产生收缩，其最大和最小收缩量分别为P_{amax}和P_{amin}，则由图5-11（b）可得

$$d_{max} = d_{wmax} + P_{amin} \tag{5-3}$$

$$d_{max} = d_{wmax} + P_{amin} - G \tag{5-4}$$

通常规定：$G = 0.35IT$；最大扩张量$P_{max} = 0.15IT$；最小收缩量$P_{amin} = 0.1IT$，式中IT为被加工孔的公差数值。标准铰刀的直径公差分配如图5-11（c）所示。

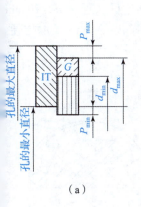
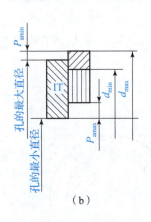
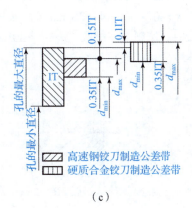

图5-11 铰刀直径和公差
（a）孔径扩张；（b）孔径收缩；（c）公差分配图

5) 铰刀的齿数和齿槽

铰刀齿数应根据直径大小、铰削精度和齿槽容屑空间要求而定。增多铰刀齿数，使切削厚度减薄，铰刀导向性好，可提高孔的加工质量，但刀齿容屑空间减小。一般高速钢铰刀直径为φ1~φ55 mm时，齿数为4~12。硬质合金铰刀直径<φ6 mm时，齿

数≤3；直径>φ40 mm 时，齿数≥10；直径为 φ6~φ40 mm 时，齿数为 4~8。加工塑性材料取较少齿数，加工脆性材料取较多齿数。为了便于测量直径，铰刀齿数一般取偶数。

铰刀刀齿在圆周上分布有等齿距和不等齿距两种形式，如图 5-12 所示。等齿距分布制造简单，应用广泛。为避免铰刀颤振时使刀齿切入的凹痕定向重复加深，手用铰刀常采用不等齿距分布；为便于制造和测量，常做成对顶齿间角相等的不等齿距分布。

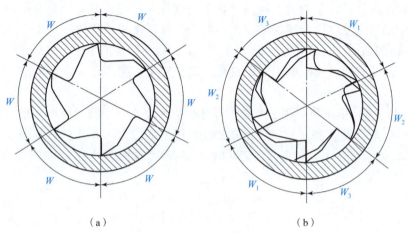

图 5-12 刀齿分布形式
(a) 等齿距分布；(b) 不等齿距分布

铰刀的齿槽形式有直线齿背形［见图 5-13（a）］、圆弧齿背形［见图 5-13（b）］和折线齿背形［见图 5-13（c）］三种。直线齿背形形状简单，能用标准角度铣刀铣制，制造容易，一般机用和手用铰刀都采用这种槽形。铰刀直径 $d = 4~7$ mm 时，$\theta = 80°$；$d = 14~20$ mm 时，$\theta = 70°$。圆弧齿背形有较大的容屑空间，通常 $d > 20$ mm 时，圆弧 r 一般取 15 mm、20 mm、25 mm。折线齿背形结构较简单，制造、刃磨方便，主要用于硬质合金铰刀。

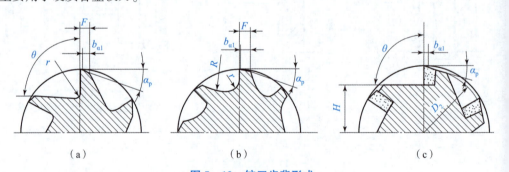

图 5-13 铰刀齿背形式
(a) 直线齿背形；(b) 圆弧齿背形；(c) 折线齿背形

铰刀的齿槽可做成直槽或螺旋槽。直槽铰刀制造、刃磨和检验都比较方便，生产中常用；螺旋槽铰刀（见图 5-14）切削较平稳，主要用于铰削深孔或带断续表面的孔，其旋向有左旋和右旋两种。右旋槽铰刀在切削时切屑向后排出，适用于加工盲孔；左旋槽铰刀在切削时切屑向前排出，适用于加工通孔。螺旋槽铰刀的螺旋角根据被加工材料选取：加工铸铁和硬钢时取 7°~8°；加工软钢、中硬钢、可锻铸铁时取 12°~20°；加工铝等轻金属时取 35°~45°。

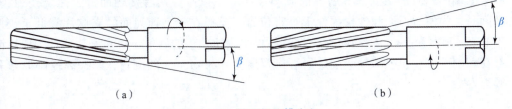

图 5-14 铰刀螺旋槽方向
(a) 右旋；(b) 左旋

6) 铰刀的几何角度

对于铰刀，可把主偏角 κ_r 看成是切削部分半锥角。主偏角过大会使切削部分长度过短，使进给力增大并造成铰削时定心精度差；主偏角过小会使切削宽度加大，切削厚度变小，不利于排屑。机用铰刀，加工钢件等塑性材料一般取 $\kappa_r = 12°~15°$，加工铸铁等脆性材料一般取 $\kappa_r = 3°~5°$；手用铰刀一般取 $\kappa_r = 1°~1°30'$。

铰削时切屑较薄，切屑与前面在刃口附近处接触，前角的大小对切削变形的影响并不显著。通常高速钢铰刀在精铰时，取 $\gamma_p = 0°$；粗铰塑性材料时，为了减小切削变形，取 $\gamma_p = 5°~15°$。硬质合金铰刀一般取 $\gamma_p = 0°~5°$。

铰削时切削厚度较小，后面磨损较为显著，应选择较大的后角。但为了使铰刀使用时径向尺寸变化缓慢，通常取 $\alpha_o = 6°~14°$。高速钢铰刀切削部分的切削刃应锋利，不留有刃带；而硬质合金铰刀切削刃通常留有 0.01~0.07 mm 的窄刃带，以增加切削刃强度。在铰刀校准部分磨出刃带，这样不仅能够提高其耐用度，还能保证良好的导向和修光作用，提高工件已加工表面质量，同时也有利于制造和检验。高速钢铰刀校准部分的刃带宽度通常取 0.15~0.4 mm，硬质合金铰刀的刃带宽度取 0.1~0.25 mm。

一般铰刀没有刃倾角。铰削塑性材料时，在高速钢直槽铰刀切削部分的切削刃上磨出与铰刀轴线成 15°~20° 的轴向刃倾角 λ_s，可使铰刀工作更加平稳，还可使切屑排向工件的待加工表面，提高已加工表面质量。

7) 铰刀工作部分的尺寸

在切削部分前端做出 (1~2)mm×45° 的前导锥，便于铰刀引入工件，并对切削刃起保护作用。

切削部分长度 l_1 根据主偏角 κ_r 和铰削余量 A 来决定，取 $l_1 = (1.3~1.4)A\cot\kappa_r$。

高速钢机用铰刀校准部分有圆柱部分和倒锥部分。倒锥部分可减少与孔壁的摩擦，减少扩张量，其倒锥量为 0.005~0.02 mm。当 $d = 3~32$ mm 时，取机用铰刀工作部分长度 $l = (0.8~3)d$，圆柱部分长度 $l_2 = (0.25~0.5)d$。

硬质合金铰刀工作部分长度等于刀片长度，其校准部分允许倒锥量为 0.005 mm。在校准部分的末端应做出后锥角为 3°~5°、长度为 3~5 mm 的后锥，以防止退刀时划伤孔壁和挤碎刀片。

8) 铰刀的刃磨与研磨

铰刀的切削厚度较小，磨损主要发生在后刀面上，为避免铰刀重磨后的直径减小或校准部分刃带宽度的减小,通常只重磨切削部分后刀面。铰刀刃磨通常在工具磨床上进行,如图 5-15 所示。重磨时铰刀轴线相对于工具磨床导轨倾斜一个角度,并使砂轮的端面相对于切削部分后刀面倾斜 1°~3°,以避免两者接触面过大而烧伤刀齿。磨削时,为使后刀面和砂轮都处于垂直位置,支撑在铰刀前刀面的支撑片应低于铰刀中心 h,其值为 $h = (d_o/2)\sin\alpha_o$,这样便可得到所要求的后角 α_o。重磨后的铰刀应用油石在切削部分和校准部分交接处研磨出宽度为 0.5~1 mm 的倒角,以提高铰削质量和铰刀寿命。

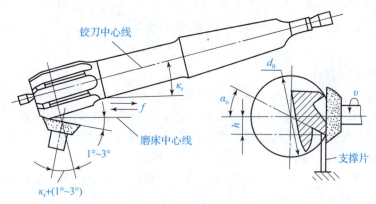

图 5-15 铰刀的刃磨

工具厂供应的新铰刀,通常留有 0.01 mm 左右的直径研磨量,使用前须经研磨才能达到要求的铰孔精度。磨损了的铰刀可通过刃磨改制为铰削其他配合精度的孔。此外,在决定专用铰刀直径公差时,若扩张量与收缩量无法事先确定,则可将铰刀直径预先做大一点,留有适当的研磨量,通过试切实测加以确定。铰刀的研磨可在车床上用铸铁研磨套沿校准部分刃带进行,如图 5-16 所示。研磨套用三个调节螺钉支撑在外套的孔内。研磨套铣有开口斜槽,调节螺钉使研磨套产生变形,与铰刀圆柱刃带轻微接触,在接触面加入少量的研磨膏。研磨时,铰刀低速转动,研磨套沿轴向做往复运动。

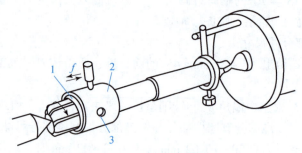

图 5-16 铰刀的研磨
1—研磨圈;2—外套;3—调节螺钉

3. 镗刀

1) 单刃镗刀

(1) 机夹式单刃镗刀。

图 5-17 所示为机夹式单刃镗刀,它具有结构简单、制造方便、通用性强等优点,

为了使镗刀头在镗杆内有较大的安装长度,并有足够的位置安置压紧螺钉和调节螺钉,在镗不通孔或阶梯孔时,镗刀头在镗杆内的安装倾斜角 δ 一般取 10°~45°;镗通孔时 δ=0°。在设计不通孔镗刀时,应使压紧螺钉不妨碍镗刀进行切削。通常镗杆上应设置调节直径的螺钉。镗杆上装刀孔通常对称于镗杆轴线,因而镗刀头装入刀孔后,刀尖高于工件中心,使切削时工作前角减小、后角增大。所以在选择镗刀头的前角与后角时要相应增大前角和减小后角。

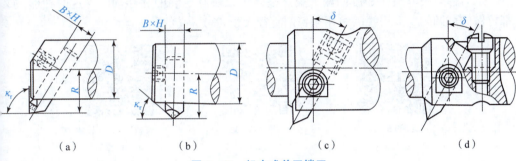

图 5-17 机夹式单刃镗刀

(2) 微调镗刀。

上述镗刀尺寸调节较费时,调节精度不易控制。图 5-18 所示为坐标镗床和数控机床上使用的微调单刃镗刀,它们都有一个精密刻度盘,刻度盘的螺母与刀头的丝杆组成一对精密丝杆螺母副,转动刻度盘,丝杆由于用键定向,故只可做直线移动,从而实现微调,常用于孔的半精镗和精镗加工,并可用以组成多刃镗刀。

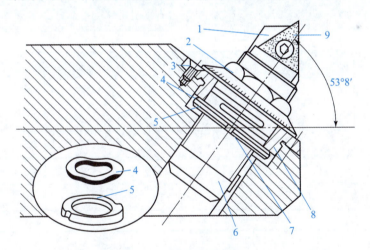

图 5-18 微调单刃镗刀

1—镗刀头;2—微调螺母;3—螺钉;4—波形垫圈;5—调节螺母;6—镗杆;
7—导航键;8—固定座套;9—刀片

微调镗刀在镗杆上的安装角度通常采用两种形式即直角型和倾斜型,其中倾斜型交角通常为 53°8′。若微调螺母的螺距为 0.5 mm,则微调螺母每转过 1 格,镗刀头沿径向移动量为

$$\Delta R = [(0.5/80)\sin 53°8'] \text{mm} = 0.005 \text{ mm}$$

2) 双刃镗刀

双刃镗刀的两条切削刃在两个对称位置同时切削,可消除由径向切削力对镗杆的作用而造成的加工误差。这种镗刀是一种定直径尺寸刀具,切削时,孔的直径尺寸是由刀具保证的,刀具外径是根据工件孔径确定的,结构比单刃镗刀复杂,刀片和刀杆制造较困难,但生产率较高。所以,其适用于加工精度要求较高、生产批量大的场合。

双刃镗刀块分整体和可调两大类。整体镗刀块有定装的和浮动的,这两种形式又都可做成可调的。双刃镗刀多用来镗削直径大于 $\phi 30$ mm 的孔。

二维码 5-14
双刃镗刀

二维码 5-15
镗削

二维码 5-16 模块化小径镗刀

5.1.2.5 任务实施

5.1.2.5.1 学生分组

学生分组表 5-2

班级		组号		授课教师	
组长		学号			
组员	姓名	学号		姓名	学号

5.1.2.5.2 完成任务工单

任务工作单

组号:_____ 姓名:_____ 学号:_____ 检索号:__51252-1__

引导问题:

(1)认真阅读图 5-1 所示零件图,确定 $4 \times \phi 9$ mm 通孔所用刀具的结构,简述组成刀具各部分的作用,并填入表 5-2 中。

表 5-2　组成刀具各部分的作用

使用刀具类型（名称）：		
序号	组成部分	作用
1		
2		
3		

（2）简述直柄麻花钻和锥柄麻花钻的区别。
_____
_____
_____
_____

任务工作单

组号：_____　姓名：_____　学号：_____　检索号：__51252-2__

引导问题：

（1）根据图 5-1 所示零件图，如果 $4×\phi9$ mm 有较高的位置精度，在钻孔前应使用哪种钻头（从定位角度考虑）？该钻头可分为几种？都有哪些？并绘制其外形图。
_____
_____
_____

5.1.2.5.3　合作探究

任务工作单

组号：_____　姓名：_____　学号：_____　检索号：__51253-1__

引导问题：

（1）小组讨论，教师参与，确定任务工作单 51252-1 和 51252-2 的最优答案，并检讨自己存在的不足。
_____
_____
_____

（2）小组长汇报，再次检查自己的不足。
_____
_____
_____
_____

5.1.2.6 评价反馈

任务工作单

组号：_____ 姓名：_____ 学号：_____ 检索号：5126-1

自我评价表

班级		组名		日期	年 月 日
评价指标	评价内容			分数/分	分数评定
信息检索能力	能有效利用网络、图书资源查找有用的相关信息等；能将查到的信息有效地传递到工作中			10	
感知学习	是否能在学习中获得满足感、课堂生活的认同感			10	
参与态度、交流沟通	积极主动与教师、同学交流，相互尊重、理解、平等；与教师、同学之间是否能够保持多向、丰富、适宜的信息交流			10	
	能处理好合作学习和独立思考的关系，做到有效学习；能提出有意义的问题或能发表个人见解			10	
知识、能力获得	认真阅读如图5-1所示零件图，能确定4×φ9 mm通孔所用刀具的结构，并能分析组成刀具各部分的作用			20	
	能简述直柄麻花钻和锥柄麻花钻的区别			10	
	根据如图5-1所示零件图，如果4×φ9 mm改为带台阶的沉头孔，能分析采用何种加工方式，并知道沉头孔的类型			10	
	根据如图5-1所示零件图，如果4×φ9 mm有较高的位置精度，在钻孔前知道应使用哪种钻头（从定位角度考虑），知道该钻头的种类，并能绘制其外形图			10	
辩证思维能力	是否能发现问题、提出问题、分析问题、解决问题、创新问题			10	
自我反思	按时按质地完成任务；较好地掌握知识点；具有较为全面、严谨的思维能力，并能条理清楚、明晰地表达成文			10	
自评分数					
有益的经验和做法					

任务工作单

组号：_____ 姓名：_____ 学号：_____ 检索号：__5126-2__

小组内互评验收表

验收人组长		组名		日期	年　月　日
组内验收成员					
任务要求	阅读如图5-1所示零件图，能确定通孔所用刀具的结构，并能分析组成刀具各部分的作用；能简述直柄麻花钻和锥柄麻花钻的区别；根据如图5-1所示零件图，如果改为带台阶的沉头孔，能分析采用何种加工方式，并知道沉头孔的类型；根据如图5-1所示零件图，如果有较高的位置精度，在钻孔前知道应使用哪种钻头（从定位角度考虑），知道该钻头的种类，并能绘制其外形图；文献检索目录清单，不少于5份				
文档验收清单	被评价人完成的51252-1任务工作单				
	被评价人完成的51252-2任务工作单				
	文献检索目录清单				
验收评分	评分标准			分数/分	得分
	认真阅读如图5-1所示零件图，能确定4×φ9 mm通孔所用刀具的结构，并能分析组成刀具各部分的作用，错一处扣4分			20	
	能简述直柄麻花钻和锥柄麻花钻的区别，错一处扣4分			20	
	根据如图5-1所示零件图，如果4×φ9 mm改为带台阶的沉头孔，能分析采用何种加工方式，并知道沉头孔的类型，错一处扣4分			20	
	根据如图5-1所示零件图，如果4×φ9 mm有较高的位置精度，在钻孔前知道应使用哪种钻头（从定位角度考虑），知道该钻头可的种类，能绘制其外形图，错一处扣4分			20	
	文献检索目录清单，至少5份，少一份扣4分			20	
	评价分数				
总体效果定性评价					

任务工作单

被评组号：_____ 检索号：__5126-3__

小组间互评表

班级		评价小组		日期	年　月　日
评价指标		评价内容		分数/分	分数评定
汇报表述		表述准确		15	
		语言流畅		10	
		准确反映该组完成情况		15	
内容正确度		内容正确		30	
		句型表达到位		30	
		互评分数			

二维码 5-17

任务工作单

组号：_____　姓名：_____　学号：_____　检索号：__5126-4__

任务完成情况评价表

任务名称		孔加工刀具的结构认知			总得分	
评价依据		学生完成任务后的任务工作单				
序号	任务内容及要求		配分/分	评分标准	教师评价	
					结论	得分
1	认真阅读如图5-1所示零件图，能确定 4×φ9 mm 通孔所用刀具的结构，并能分析组成刀具各部分的作用	刀具结构确定正确	20	错误不得分		
		各部分作用分析正确	10	错误一处扣2分		
2	能简述直柄麻花钻和锥柄麻花钻的区别	分析正确	10	错误一处扣2分		

续表

任务名称		孔加工刀具的结构认知		总得分		
评价依据			学生完成任务后的任务工作单			
序号	任务内容及要求		配分/分	评分标准	教师评价	
					结论	得分
3	根据如图5-1所示零件图，如果4×φ9 mm改为带台阶的沉头孔，能分析采用何种加工方式，并知道沉头孔的类型	加工方法正确	10	错误不得分		
		熟悉沉头孔的类型	10	错误一处扣2分		
4	根据如图5-1所示零件图，如果4×φ9 mm有较高的位置精度，在钻孔前知道应使用哪种钻头（从定位角度考虑），知道该钻头可的种类，能绘制其外形图	钻头类型选择正确	10	错误不得分		
		图形绘制正确	10	错误一处扣2分		
5	文献检索目录清单	清单数量	10	缺一个扣2分		
6	素质素养评价	(1) 沟通交流能力	10	酌情赋分，但违反课堂纪律，不听从组长、教师安排，不得分		
		(2) 团队合作				
		(3) 课堂纪律				
		(4) 合作探学				
		(5) 自主研学				

二维码5-18

任务三　孔加工方法应用

5.1.3.1　任务描述

如前述图5-1所示法兰端盖和图5-2所示轴承套，若想完成两个零件孔的加工，请阐述各种孔加工方法的正确操作。

5.1.3.2　学习目标

1. 知识目标

（1）掌握钻削加工常用的工件装夹方法；
（2）掌握钻削方法。

2. 能力目标

（1）能够正确使用常见钻削夹具；
（2）能够正确操作普通钻床。

3. 素养素质目标

（1）培养踏实认真、专心细致的工作作风；
（2）培养热爱劳动的意识。

5.1.3.3　重难点

1. 重点

（1）钻削加工常用夹具的使用方法；
（2）铰刀安装及手动铰刀的操作方法；
（2）镗刀的安装与调整。

2. 难点

（1）钻削加工夹具的使用方法；
（2）镗刀的安装、调整和镗削方法。

5.1.3.4　相关知识链接

1. 钻削加工时的工件装夹方法

1）手握或手用虎钳夹持

钻直径 $\phi 6$ mm 以下的小孔，如果工件能用手握住，而且基本比较平整，则可以直接用手握住工件进行钻孔。对于短小工件，当用手不能握住时，必须用手虎钳或小型台虎钳来夹紧。

2）用机用平口钳装夹

在平整的工件上钻较大的孔时，一般采用机用平口虎钳装夹。装夹时在工件下面垫一木块，如果钻的孔较大，则机用平口虎钳应用螺钉固定在钻床工作台面上。

3）用 V 形块装夹

在圆柱形或套筒类工件上钻孔时，一般把工件放在 V 形块上并配以压板压紧。

4）用角铁装夹

将工件装夹在已固定于钻床台面的角铁上。

5）在钻床工作台面上装夹工件

对于钻大孔或不适宜用机用平口虎钳装夹的工件，可直接用压板、螺栓把工件固定在钻床工作台面上。

如果被加工孔的位置精度、尺寸精度及表面粗糙度要求较高，且生产批量比较大时，可使用钻床夹具（钻模）来对工件进行加工。

二维码 5-19

2. 钻孔方法

1）钻削不同孔距精度所用的加工方法

钻削不同孔距精度所用的加工方法见表 5-3。

表 5-3　钻削不同孔距精度所用的加工方法

孔距精度/mm	加工方法	适用范围
±(0.25~0.5)	划线找正，配合测量与简易钻模	单件、小批生产
±(0.1~0.25)	用普通夹具或组合夹具，配合快换钻头	小、中批生产
	盘、套类工件可用通用分度夹具	
±(0.03~0.1)	利用坐标工作台、百分表、量块、专用对刀装置或采用坐标、数控钻床	单件、小批生产
	采用专用夹具	大批、大量生产

2）切削液的选用

钻削时，切削液的选用见表 5-4。

表 5-4　切削液的选用

加工材料	切削液（体积分数）
碳钢、合金钢	（1）3%~5% 乳化液； （2）5%~10% 极压乳化液
不锈钢、高温合金	（1）10%~15% 乳化液； （2）10%~20% 极压乳化液； （3）含氯（氯化石蜡）的切削油； （4）含硫、磷、氯的切削油
铸铁、黄铜	（1）一般不加； （2）3%~5% 乳化液
纯铜、铝及其合金	（1）3%~5% 乳化液； （2）煤油； （3）煤油与菜籽油的混合油

续表

加工材料	切削液（体积分数）
硬橡胶、胶木、硬纸板	（1）一般不加； （2）风冷
有机玻璃	10%～15% 乳化液

3）一般孔的加工方法

（1）钻削通孔，当孔快要钻穿时，应变自动进刀为手动进刀，以避免钻穿孔的瞬间因进给量剧增而发生啃刀，影响加工质量和损坏钻头。

（2）钻不通孔（盲孔）时，应按钻孔深度调整好钻床上的挡块、深度标尺或采用其他控制方法，以免钻得过深或过浅，并应注意退屑。

（3）钻削深孔，当钻削深度达到钻孔直径 3 倍时，钻头就应退出排屑。此后，每钻一定深度，钻头就再退出排屑一次，并注意冷却润滑，防止切屑堵塞、钻头过热退火或扭断。

（4）钻 $\phi 1$ mm 以下的小孔时，开始进给力要轻，防止钻头弯曲和滑移，以保证钻孔试切的正确位置；钻削过程要经常退出钻头排屑和加注切削液；切削速度可选在 2 000～3 000 r/min 以上，进给力应小而平稳，不宜过大、过快。

半圆孔、斜面上孔、圆弧面上孔、间断孔等特殊孔的加工可参考相关书籍，本书不再赘述。

3. 铰孔工作要点

（1）装夹要可靠。将工件夹正、夹紧。对薄壁零件，要防止夹紧力过大而将孔夹扁。

（2）手铰时，两手用力要平衡、均匀、稳定，以免在孔的进口处出现喇叭孔或孔径扩大；进给时，不要猛力推压铰刀，而应一边旋转、一边轻轻加压，否则孔表面会很粗糙。

（3）注意变换铰刀每次停歇的位置，以消除铰刀在同一处停歇所造成的振痕。

（4）铰刀只能顺转，否则切屑扎在孔壁和刀齿后刀面之间，既会将孔壁拉毛，又易使铰刀磨损，甚至崩刃。

（5）当手铰刀被卡住时，不要猛力扳转铰手，而应及时取出铰刀，清除切屑，检查铰刀后再继续缓慢进给。

（6）机铰退刀时，应先退出刀后再停车。铰通孔时铰刀的校准部分不要全出头，以防孔的下端被刮坏。

（7）机铰时要注意机床主轴、铰刀及待铰孔三者间的同轴度是否符合要求，对高精度孔，必要时应采用浮动铰刀夹头装夹铰刀。

（8）圆锥孔的铰削。铰削尺寸较小的圆锥孔时，先按圆锥孔小端直径并留铰削余量钻出圆柱孔，孔口按圆锥孔大端直径锪出 45° 的倒角，然后用圆锥铰刀铰削。在铰削过程中一定要及时用精密配锥（或圆锥销）试深控制尺寸。铰削尺寸较大的圆锥孔时，铰孔前先将工件钻出阶梯孔，1∶50 圆锥孔可钻两节阶梯孔，1∶10 圆锥孔、1∶30 圆锥孔、莫氏锥孔、圆锥管螺纹底孔可钻三节阶梯孔。阶梯孔的最小直径按锥孔小端直径确定,并留有铰削余量,其余各段直径可根据锥度计算公式算得。

5.1.3.5 任务实施

5.1.3.5.1 学生分组

学生分组表 5-3

班级		组号		授课教师	
组长		学号			
组员	姓名	学号		姓名	学号

5.1.3.5.2 完成任务工单

任务工作单

组号:_____ 姓名:_____ 学号:_____ 检索号: 51352-1

引导问题:

(1) 认真阅读如图 5-1 所示零件图,若使用普通台钻加工 $4 \times \phi 9$ mm 通孔,则需要哪些相关工艺准备(夹具、辅具、划线工具等)?

_____

_____

(2) 简述钻削加工常用的工件安装和夹紧方法。

_____

_____

任务工作单

组号:_____ 姓名:_____ 学号:_____ 检索号: 51252-2

引导问题:

(1) 根据如图 5-2 所示零件图,确定加工径向孔 $\phi 4$ mm 应采用哪种装夹方法?加工时有哪些注意事项?为方便加工,可以对结构做何种改进(绘制局部结构)?

_____

_____

任务工作单

组号：_____ 姓名：_____ 学号：_____ 检索号：__51352 – 3__

引导问题：

（1）小组讨论，教师参与，确定任务工作单 51252 – 1 和 51252 – 2 的最优答案，并检讨自己存在的不足。

_____

_____

5.1.3.6 评价反馈

任务工作单

组号：_____ 姓名：_____ 学号：_____ 检索号：__5136 – 1__

自我评价表

班级		组名		日期	年 月 日
评价指标	评价内容			分数/分	分数评定
信息检索能力	能有效利用网络、图书资源查找有用的相关信息等；能将查到的信息有效地传递到工作中			10	
感知学习	是否能在学习中获得满足感、课堂生活的认同感			10	
参与态度、交流沟通	积极主动与教师、同学交流，相互尊重、理解、平等；与教师、同学之间是否能够保持多向、丰富、适宜的信息交流			10	
	能处理好合作学习和独立思考的关系，做到有效学习；能提出有意义的问题或能发表个人见解			10	
知识、能力获得	阅读如图 5 – 1 所示零件图，若使用普通台钻加工 4×ϕ9 mm 通孔，能准备所需的相关工艺（夹具、辅具、划线工具等）			20	
	能简述钻削加工常用的工件安装和夹紧方法			10	
	根据如图 5 – 1 所示零件图，能确定加工径向孔 ϕ4 mm 的装夹方法，能分析加工时的注意事项，为方便加工，能对其结构进行改进（能绘制局部结构图）			10	
辩证思维能力	是否能发现问题、提出问题、分析问题、解决问题、创新问题			10	
自我反思	按时按质地完成任务；较好地掌握知识点；具有较为全面、严谨的思维能力，并能条理清楚、明晰地表达成文			10	
	自评分数				
有益的经验和做法					

任务工作单

组号：_____ 姓名：_____ 学号：_____ 检索号：__5136-2__

小组内互评验收表

验收人组长		组名		日期	年　月　日
组内验收成员					
任务要求	阅读如图5-1所示零件图，若使用普通台钻加工，能准备所需的相关工艺（夹具、辅具、划线工具等）；能简述钻削加工常用的工件安装和夹紧方法；根据如图5-1所示零件图，能确定加工径向孔装夹方法，能分析加工时的注意事项，为方便加工，能对其结构进行改进（能绘制局部结构图）；文献检索目录清单，不少于5份				
文档验收清单	被评价人完成的51352-1任务工作单				
	被评价人完成的51352-2任务工作单				
	文献检索目录清单				

	评分标准	分数/分	得分
验收评分	阅读如图5-1所示零件图，若使用普通台钻加工，能准备所需的相关工艺（夹具、辅具、划线工具等），错一处扣5分	25	
	能简述钻削加工常用的工件安装和夹紧方法，错一处扣5分	25	
	根据如图5-1所示零件图，能确定加工径向孔装夹方法，能分析加工时的注意事项，为方便加工，能对其结构进行改进（能绘制局部结构图），错一处扣5分	25	
	文献检索目录清单，至少5份，少一份扣5分	25	
	评价分数		
总体效果定性评价			

任务工作单

被评组号：_____ 检索号：__5136-3__

小组间互评表

班级		评价小组	日期	年　月　日
评价指标		评价内容	分数/分	分数评定
汇报表述	表述准确		15	
	语言流畅		10	
	准确反映该组完成情况		15	

续表

班级		评价小组		日期	年 月 日
评价指标	评价内容			分数/分	分数评定
内容正确度	内容正确			30	
	句型表达到位			30	
	互评分数				

任务工作单

组号：_____ 姓名：_____ 学号：_____ 检索号：__5136-4__

任务完成情况评价表

任务名称	孔加工方法应用			总得分		
评价依据	学生完成任务后的任务工作单					
序号	任务内容及要求		配分/分	评分标准	教师评价	
					结论	得分
1	阅读如图5-1所示零件图，若使用普通台钻加工，能准备所需的相关工艺（夹具、辅具、划线工具等）	选择正确	20	错误不得分		
2	能简述钻削加工常用的工件安装和夹紧方法	分析正确	20	错误一处扣2分		
3	根据如图5-1所示零件图，能确定加工径向孔装夹方法，能分析加工时的注意事项，为方便加工，能对其结构进行改进（能绘制局部结构图）	注意事项分析正确	20	错误一处扣2分		
		结构改进正确	20	错误一处扣2分		
4	文献检索目录清单	清单数量	10	缺一个扣2分		
5	素质素养评价	(1) 沟通交流能力	10	酌情赋分，但违反课堂纪律，不听从组长、教师安排，不得分		
		(2) 团队合作				
		(3) 课堂纪律				
		(4) 合作探学				
		(5) 自主研学				

项目二　孔加工刀具及其切削参数选用

任务一　钻削条件确定

5.2.1.1　任务描述

如图 5-1 所示法兰端盖和图 5-2 所示轴承套，若想完成两个零件的孔加工，需确定孔加工刀具的几何参数和切削用量。

5.2.1.2　学习目标

1. 知识目标

掌握钻削时切削用量的选择方法。

2. 能力目标

（1）能熟练查阅文献资料，掌握钻削加工特点；
（2）结合机床参数及零件图，合理选择切削用量。

3. 素养素质目标

（1）培养严谨治学、一丝不苟的工作作风；
（2）培养热爱劳动的意识。

5.2.1.3　重难点

1. 重点

钻削用量的选择。

2. 难点

（1）钻削用量的确定；
（2）加工路线选择。

5.2.1.4　相关知识链接

1. 钻削用量

钻削用量包括切削速度、进给量和背吃刀量三要素，如图 5-19 所示。

（1）背吃刀量（a_p）：指已加工表面与待加工表面之间的垂直距离，也可以理解为是一次走刀所能切下的金属层厚度，$a_p = d/2$。

（2）钻削时的进给量（f）：指主轴每转一转钻头对工件沿主轴轴线的相对移动量，单位是 mm/r。

（3）钻削时的切削速度（v_c）：指钻孔时钻头直径上任一点的线速度，可由下式计算：

$$v_c = \frac{\pi d n}{1\,000} \qquad (5-5)$$

式中：d——钻头直径，mm；
　　　n——钻床主轴转速，r/min；
　　　v_c——切削速度，m/min。

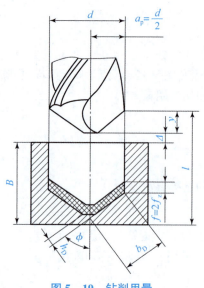

图 5-19　钻削用量

2) 钻削用量的选择。

（1）选择钻削用量的原则。钻孔时，由于切削深度已由钻头直径所定，所以只需选择切削速度和进给量。对钻孔生产率的影响，切削速度 v_c 和进给量 f 是相同的；对钻头寿命的影响，切削速度 v_c 比进给量 f 大；对孔的表面粗糙度的影响，进给量 f 比切削速度 v_c 大。

综合以上的影响因素，钻孔时选择切削用量的基本原则是：在允许范围内，尽量先选较大的进给量 f，当 f 受到表面粗糙度和钻头刚度的限制时，再考虑较大的切削速度 v_c。

（2）钻削用量的选择方法。

①背吃刀量的选择。直径小于 $\phi 30$ mm 的孔一次钻出；直径为 $\phi 30 \sim \phi 80$ mm 的孔可分为两次钻削，先用 $(0.6 \sim 0.8)d$（d 为要求得孔径）的钻头钻底孔，然后用直径为 d 的钻头将孔扩大，这样可以减小切削深度及轴向力，保护机床，同时提高钻孔质量。

②进给量的选择。当孔的精度要求较高和表面粗糙度值要求较小时，应取较小的进给量；钻孔较深、钻头较长、刚度和强度较差时，也应取较小的进给量。

普通钻头进给量可按经验公式 $f = (0.01 \sim 0.02)d$ 估算，合理修磨的钻头可选用 $f = 0.03d$；直径小于 $\phi 5$ mm 的钻头，常用手动进给。

③钻削速度的选择。当钻头的直径和进给量确定后，钻削速度应按钻头的寿命选取合理的数值。高速钢钻头的切削速度推荐按表 5-5 选用，也可参考有关手册、资料选取。当孔深较大时，应取较小的切削速度。

表 5-5　钻头切削速度　　　　　　　　　　　　　　　（m/min）

加工材料	低碳、易切钢	中、高碳钢	高合金钢、不锈钢	铸铁	铜、铝合金
高速钢钻头	25~30	20~25	15~20	15~20	40~70
涂层硬质合金钻头	80~120	70~100	50~70	90~140	90~220

5.2.1.5　任务实施

5.2.1.5.1　学生分组

学生分组表 5-4

班级		组号		授课教师	
组长		学号			
组员	姓名	学号		姓名	学号

5.2.1.5.2　完成任务工单

任务工作单

组号：_____　姓名：_____　学号：_____　检索号：__52152-1__

引导问题：

（1）认真阅读如图 5-2 所示零件图，选择合适的机床，并确定 $\phi 22_{\ 0}^{+0.021}$ mm 孔加工路线。

_____

_____

（2）确定加工 $\phi 22_{\ 0}^{+0.021}$ mm 孔时工件的装夹方案。

_____

_____

任务工作单

组号：_____　姓名：_____　学号：_____　检索号：__52152-2__

引导问题：

（1）简述钻 $\phi 22_{\ 0}^{+0.021}$ mm 孔时，钻头长度如何确定、切削用量如何选择，并写出计算过程。

任务工作单

组号：_____   姓名：_____   学号：_____   检索号：　52152-3

引导问题：

（1）小组讨论，教师参与，确定任务工作单 52152-1 和 52152-2 的最优答案，并检讨自己存在的不足。

5.2.1.6 评价反馈

任务工作单

组号：_____   姓名：_____   学号：_____   检索号：　5216-1

自我评价表

班级		组名		日期	年 月 日
评价指标	评价内容			分数/分	分数评定
信息检索能力	能有效利用网络、图书资源查找有用的相关信息等；能将查到的信息有效地传递到工作中			10	
感知学习	是否能在学习中获得满足感、课堂生活的认同感			10	
参与态度、交流沟通	积极主动与教师、同学交流，相互尊重、理解、平等；与教师、同学之间是否能够保持多向、丰富、适宜的信息交流			10	
	能处理好合作学习和独立思考的关系，做到有效学习；能提出有意义的问题或能发表个人见解			10	
知识、能力获得	认真阅读如图 5-2 所示零件图，能选择合适的机床，并确定 $\phi 22^{+0.021}_{0}$ mm 孔加工路线			20	
	能确定加工 $\phi 22^{+0.021}_{0}$ mm 孔时工件的装夹方案			10	
	能简述钻 $\phi 22^{+0.021}_{0}$ mm 孔时，钻头长度如何确定、切削用量如何选择，并写出计算过程			10	
辩证思维能力	是否能发现问题、提出问题、分析问题、解决问题、创新问题			10	
自我反思	按时按质地完成任务；较好地掌握知识点；具有较为全面、严谨的思维能力，并能条理清楚、明晰地表达成文			10	
自评分数					
有益的经验和做法					

任务工作单

组号：_____ 姓名：_____ 学号：_____ 检索号：__5216-2__

学习笔记

小组内互评验收表

验收人组长		组名		日期	年 月 日
组内验收成员					
任务要求	认真阅读如图 5-2 所示零件图，能选择合适的机床，并确定 $\phi 22_{0}^{+0.021}$ mm 孔加工路线；能确定加工 $\phi 22_{0}^{+0.021}$ mm 孔时工件的装夹方案；能简述钻 $\phi 22_{0}^{+0.021}$ mm 孔时，钻头长度如何确定、切削用量如何选择，并写出计算过程；文献检索目录清单，不少于 5 份				
文档验收清单	被评价人完成的 52152-1 任务工作单				
	被评价人完成的 52152-2 任务工作单				
	文献检索目录清单				
	评分标准			分数/分	得分
验收评分	认真阅读如图 5-2 所示零件图，能选择合适的机床，并确定 $\phi 22_{0}^{+0.021}$ 孔加工路线，错一处扣 5 分			25	
	能确定加工 $\phi 22_{0}^{+0.021}$ mm 孔时工件的装夹方案，错一处扣 5 分			25	
	能简述钻 $\phi 22_{0}^{+0.021}$ mm 孔时，钻头长度如何确定、切削用量如何选择，并写出计算过程，错一处扣 5 分			25	
	文献检索目录清单，至少 5 份，少一份扣 5 分			25	
	评价分数				
总体效果定性评价					

任务工作单

被评组号：_____ 检索号：__5216-3__

小组间互评表

班级		评价小组		日期	年 月 日
评价指标		评价内容		分数/分	分数评定
汇报表述	表述准确			15	
	语言流畅			10	
	准确反映该组完成情况			15	
内容正确度	内容正确			30	
	句型表达到位			30	
	互评分数				

模块五 孔加工及刀具应用

二维码 5-22

任务工作单

组号: _____ 姓名: _____ 学号: _____ 检索号: 5216-4

任务完成情况评价表

任务名称		孔加工方法应用		总得分	
评价依据		学生完成任务后的任务工作单			
序号	任务内容及要求		配分/分	评分标准	教师评价
					结论 | 得分
1	认真阅读如图5-2所示零件图,能选择合适的机床,并确定 $\phi 22^{+0.021}_{0}$ mm 孔加工路线	选择正确	20	错误不得分	
2	能确定加工 $\phi 22^{+0.021}_{0}$ mm 孔时工件的装夹方案	分析正确	20	错误不得分	
3	能简述钻 $\phi 22^{+0.021}_{0}$ mm 孔时,钻头长度如何确定、切削用量如何选择,并写出计算过程	钻头长度确定正确	20	错误一处扣2分	
		写出计算过程	20	错误一处扣2分	
4	文献检索目录清单	清单数量	10	缺一个扣2分	
5	素质素养评价	(1) 沟通交流能力	10	酌情赋分,但违反课堂纪律、不听从组长、教师安排,不得分	
		(2) 团队合作			
		(3) 课堂纪律			
		(4) 合作探学			
		(5) 自主研学			

二维码 5-23

任务二　镗削加工及刀具选用

5.2.2.1　任务描述

如图 5-1 所示法兰端盖和图 5-2 所示轴承套，若想完成两个零件的孔加工，需确定镗刀的几何参数和切削用量。

5.2.2.2　学习目标

1. 知识目标

（1）掌握镗削加工特点；
（2）掌握镗床切削运动；
（3）掌握镗刀分类及各自的结构特点。

2. 能力目标

（1）根据零件特点，合理选择镗削方法；
（2）能正确安装和调整镗刀。

3. 素养素质目标

（1）培养吃苦耐劳的工作作风；
（2）培养创新意识。

5.2.2.3　重难点

1. 重点

镗削用量的选择。

2. 难点

（1）钻削用量的确定；
（2）加工路线的选择。

5.2.2.4　相关知识链接

1. 镗床

镗床是加工机座、箱体、支架等外形复杂的大型零件的主要设备。

在一些箱体上往往有一系列孔径较大、精度较高的孔，这些孔在一般机床上加工很困难，但在镗床上加工却很容易，并可方便地保证孔与孔之间、孔与基准平面之间的位置精度和尺寸精度要求。

2. 加工范围广泛

镗床是一种万能性强、功能多的通用机床，既可加工单个孔，又可加工孔系；既可加工小直径的孔，又可加工大直径的孔；既可加工通孔，又可加工台阶孔及内环形槽。除此之外，还可进行部分铣削和车削工作。

3. 能获得较高的精度和较低的粗糙度

普通镗床镗孔的尺寸公差等级可达 IT8~IT7，表面粗糙度值可达 $Ra1.6 \sim 0.8 \, \mu m$。

若采用金刚镗床（因采用金刚石镗刀而得名）或坐标镗床，则能获得更高的精度和更小的粗糙度值。

4. 生产率较低

机床和刀具调整复杂，操作技术要求较高，在单件、小批量生产中使用镗模生产率较低，而在大批、大量生产中则须使用镗模以提高生产率。

5.2.2.5 任务实施

5.2.2.5.1 学生分组

学生分组表 5-5

班级			组号		授课教师	
组长			学号			
组员	姓名		学号	姓名		学号

5.2.2.5.2 完成任务工单

任务工作单

组号：_____ 姓名：_____ 学号：_____ 检索号：__52252-1__

引导问题：

（1）认真阅读如图 5-1 所示零件图，加工法兰端盖 $\phi 47_{-0.011}^{+0.014}$ mm 孔时，试确定工艺路线。若本工序为镗孔至 $\phi 40_{0}^{+0.5}$ mm，请确定刀具规格、刀片材料、刀杆截面尺寸和刀杆长度等参数。

_____

_____

（2）确定镗 $\phi 40_{0}^{+0.5}$ mm 孔切削用量，并完整记录切削用量选择过程（查阅文献资料情况、计算过程等）。

_____

任务工作单

组号：_____ 姓名：_____ 学号：_____ 检索号：__52252-2__

引导问题：

（1）镗 $\phi 47_{-0.011}^{+0.014}$ mm 孔时，若分为粗镗、半精镗，试分别确定切削用量，并完整记录切削用量选择过程（查阅文献资料情况、计算过程等）。

_____

_____

任务工作单

组号：_____ 姓名：_____ 学号：_____ 检索号：__52252－3__

引导问题：

（1）小组讨论，教师参与，确定任务工作单52252－1和52252－2的最优答案，并检讨自己存在的不足。

_____

_____

5.2.2.6 评价反馈

任务工作单

组号：_____ 姓名：_____ 学号：_____ 检索号：__5226－1__

自我评价表

班级		组名		日期	年 月 日
评价指标	评价内容			分数/分	分数评定
信息检索能力	能有效利用网络、图书资源查找有用的相关信息等；能将查到的信息有效地传递到工作中			10	
感知学习	是否能在学习中获得满足感、课堂生活的认同感			10	
参与态度、交流沟通	积极主动与教师、同学交流，相互尊重、理解、平等；与教师、同学之间是否能够保持多向、丰富、适宜的信息交流			10	
	能处理好合作学习和独立思考的关系，做到有效学习；能提出有意义的问题或能发表个人见解			10	
知识、能力获得	阅读如图5－1所示零件图，加工法兰端盖 $\phi 47^{+0.014}_{-0.011}$ mm 孔时，能确定工艺路线。若本工序为镗孔至 $\phi 40^{+0.5}_{0}$ mm，能确定刀具规格、刀片材料、刀杆截面尺寸和刀杆长度等参数			20	
	能确定镗 $\phi 40^{+0.5}_{0}$ mm 孔切削用量，并完整记录切削用量选择过程（查阅文献资料情况、计算过程等）			10	
	镗 $\phi 47^{+0.014}_{-0.011}$ mm 孔时，若分为粗镗、半精镗，能分别确定切削用量，并完整记录切削用量选择过程（查阅文献资料情况、计算过程等）			10	
辩证思维能力	是否能发现问题、提出问题、分析问题、解决问题、创新问题			10	
自我反思	按时按质地完成任务；较好地掌握知识点；具有较为全面、严谨的思维能力，并能条理清楚、明晰地表达成文			10	
自评分数					
有益的经验和做法					

任务工作单

组号：_____ 姓名：_____ 学号：_____ 检索号：__5226 - 2__

小组内互评验收表

验收人组长		组名		日期	年　月　日
组内验收成员					
任务要求	阅读如图 5－1 所示零件图，加工法兰端盖 $\phi 47_{-0.011}^{+0.014}$ mm 孔时，能确定工艺路线，若本工序为镗孔至 $\phi 40_{0}^{+0.5}$ mm，能确定刀具规格、刀片材料、刀杆截面尺寸、刀杆长度等参数；能确定镗 $\phi 40_{0}^{+0.5}$ mm 孔切削用量，并完整记录切削用量选择过程（查阅文献资料情况、计算过程等）；镗 $\phi 47_{-0.011}^{+0.014}$ mm 孔时，若分为粗镗、半精镗，则能分别确定切削用量，并完整记录切削用量选择过程（查阅文献资料情况、计算过程等）；文献检索目录清单，不少于 5 份				
文档验收清单	被评价人完成的 52252 - 1 任务工作单				
	被评价人完成的 52252 - 2 任务工作单				
	文献检索目录清单				
验收评分	评分标准			分数/分	得分
	阅读如图 5－1 所示零件图，加工法兰端盖 $\phi 47_{-0.011}^{+0.014}$ mm 孔时，能确定工艺路线，若本工序为镗孔至 $\phi 40_{0}^{+0.5}$ mm，能确定刀具规格、刀片材料、刀杆截面尺寸、刀杆长度等参数，错一处扣 5 分			25	
	能确定镗 $\phi 40_{0}^{+0.5}$ mm 孔切削用量，并完整记录切削用量选择过程（查阅文献资料情况、计算过程等），错一处扣 5 分			25	
	镗 $\phi 47_{-0.011}^{+0.014}$ mm 孔时，若分为粗镗、半精镗，能分别确定切削用量，并完整记录切削用量选择过程（查阅文献资料情况、计算过程等），错一处扣 5 分			25	
	文献检索目录清单，至少 5 份，少一份扣 5 分			25	
	评价分数				
总体效果定性评价					

任务工作单

被评组号：_____ 检索号：__5226 - 3__

小组间互评表

班级		评价小组		日期	年　月　日
评价指标	评价内容			分数/分	分数评定
汇报表述	表述准确			15	
	语言流畅			10	
	准确反映该组完成情况			15	

续表

班级		评价小组		日期	年 月 日
评价指标		评价内容		分数/分	分数评定
内容 正确度	内容正确			30	
	句型表达到位			30	
	互评分数				

二维码 5-24

任务工作单

组号：_____ 姓名：_____ 学号：_____ 检索号：5226-4

任务完成情况评价表

任务名称		镗削加工及刀具选用		总得分		
评价依据		学生完成任务后的任务工作单				
序号	任务内容及要求		配分/分	评分标准	教师评价	
					结论	得分
1	阅读如图 5-1 所示零件图，加工法兰端盖 $\phi47_{-0.011}^{+0.014}$ mm 孔时，能确定工艺路线，若本工序为镗孔至 $\phi40_{0}^{+0.5}$ mm，能确定刀具规格、刀片材料、刀杆截面尺寸、刀杆长度等参数		选择正确	20	错误一处扣 5 分		
2	能确定镗 $\phi40_{0}^{+0.5}$ mm 孔切削用量，并完整记录切削用量选择过程（查阅文献资料情况、计算过程等）		记录正确	20	错误一处扣 5 分		
3	镗 $\phi47_{-0.011}^{+0.014}$ mm 孔时，若分为粗镗、半精镗，能分别确定切削用量，并完整记录切削用量选择过程（查阅文献资料情况、计算过程等）		切削用量正确	20	错误一处扣 4 分		
			写出选择过程	20	错误一处扣 2 分		

续表

任务名称	镗削加工及刀具选用		总得分		
评价依据	学生完成任务后的任务工作单				
序号	任务内容及要求		配分/分	评分标准	教师评价
					结论	得分
4	文献检索目录清单	清单数量	10	缺一个扣2分		
5	素质素养评价	（1）沟通交流能力	10	酌情赋分，但违反课堂纪律，不听从组长、教师安排，不得分		
		（2）团队合作				
		（3）课堂纪律				
		（4）合作探学				
		（5）自主研学				

二维码5-25 新型镗刀

模块六 磨削加工及砂轮应用

磨削加工是用磨料磨具（如砂轮、砂带、油石、研磨剂等）为工具在磨床上进行切削的一种加工方法，常用于精加工和超精加工，也可用于荒加工和粗加工等。磨削加工生产效率高，应用范围很广，可加工外圆、内圆、平面、螺纹、齿轮、花键、导轨和成形面，还可刃磨刀具和切断等；不仅能加工一般材料，如钢、铸铁等，还可加工一般刀具难以加工的材料，如淬火钢、硬质合金钢、陶瓷、玻璃及石材等。其加工精度可达 IT6~IT4，表面粗糙度可达 $Ra0.8 \sim 0.02 \, \mu m$。

项目一 砂轮及其应用

任务一 砂轮的种类及其应用

6.1.1.1 任务描述

如图 6-1 所示的轴套零件图，请仔细分析零件的表面粗糙度要求，说明零件的哪些表面需要磨削，并确定砂轮的形状、尺寸及强度。

6.1.1.2 学习目标

1. 知识目标

（1）掌握砂轮的类型及代号；
（2）掌握磨床的选择方法；
（3）掌握不同形状砂轮的应用范围。

2. 能力目标

（1）根据加工表面及精度要求合理地选择砂轮类型；
（2）砂轮形状尺寸大小及强度的确定原则。

3. 素养素质目标

（1）培养能辩证分析和解决问题的能力；
（2）培养热爱劳动的意识；
（3）培养质量意识。

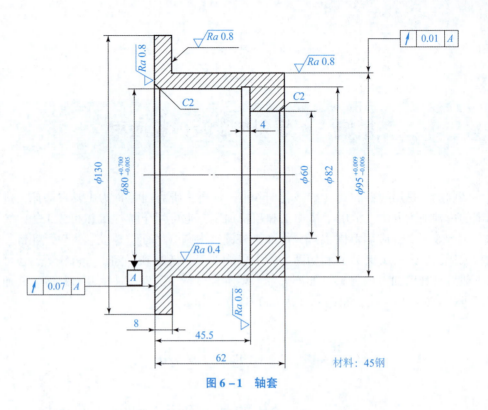

图 6-1 轴套

6.1.1.3 重难点

1. 重点

砂轮类型及应用场合。

2. 难点

砂轮形状及尺寸的确定原则。

6.1.1.4 相关知识链接

6.1.1.4.1 砂轮的形状、尺寸及用途

根据不同的用途,按照磨床类型、磨削方式以及工件的形状和尺寸等,将砂轮制成不同的形状和尺寸,并已经准化。

在生产中,为便于对砂轮进行管理和选用,通常将砂轮的形状、尺寸和特性参数印在砂轮端面上,其顺序为形状、尺寸、磨料、粒度号、硬度、组织号、结合剂和允许的最高工作圆周线速度。其中尺寸一般为外径×厚度×内径。例如,砂轮 P300×30×75WA60L5V35,即代表该砂轮是平行,外径为 300 mm,厚度为 30 mm,内径为 75 mm,白刚玉磨料,60 号粒度,中软硬度,5 号组织,陶瓷结合剂,最高线速度为 35 mm/s。

砂轮形状和尺寸的选择,主要与被加工工件的形状、尺寸以及磨床型号有关,选择时应注意:

(1) 在可能的条件下,砂轮的外径应尽可能选得大一些,以提高砂轮的线速度(但不能超过安全线速度),从而可获得较高的生产效率及较小的表面粗糙度。在有纵

向进给的磨床上,选用宽度较大的砂轮,也可获得同样的效果

(2)当磨外圆的同时又要磨端面时,如选用单面凹带锥砂轮(PZA),就要方便和经济得多。磨削热敏感性高的材料时,砂轮厚度应适当减小。

常用砂轮的形状、代号及用途见表6-1。

表6-1 常用砂轮的形状、代号及用途

砂轮名称	代号	断面形状	主要用途
平形砂轮	1		外圆磨、平面磨、无心磨、工具磨
薄片砂轮	41		切断及切槽
筒形砂轮	2		端磨平面
碗形砂轮	11		刃磨刀具、磨导轨
碟形一号砂轮	12a		磨铣刀、铰刀、拉刀,磨齿轮
双斜边砂轮	4		磨齿轮及螺纹
杯形	6		磨平面、内圆,刃磨刀具

6.1.1.4.2 砂轮强度

砂轮高速旋转时,受到很大的离心力作用,如果没有足够的强度,工作时就会因为破裂而引起严重事故。砂轮旋转时产生的离心力,随砂轮线速度的平方成正比增加,所以当砂轮回转速度增大至一定程度,离心力超高砂轮强度所允许的数值时,砂轮就要破裂。由于这一原因,砂轮的强度通常用安全线速度来表示。安全线速度比砂轮破裂时的速度低得多,当在这个速度以下工作时,可保证不会由于离心力过大而造成砂轮破裂。各种砂轮,按其强度高低都规定了安全使用的线速度,并标注在砂轮上或说明书中,使用时绝对不能超过它。一般磨削用砂轮的安全速度见表6-2。

表6-2 各种砂轮的安全线速度

砂轮名称	安全线速度/(m·s^{-1})		
	陶瓷结合剂	树脂结合剂	橡胶结合剂
平形砂轮	35	40	35
磨钢锭用平形砂轮	40	45	
双斜边砂轮	35	40	

续表

砂轮名称	安全线速度/(m·s⁻¹)		
	陶瓷结合剂	树脂结合剂	橡胶结合剂
单斜边砂轮	35	40	
单面凹砂轮	35	40	
单面凹带锥砂轮	35	40	
双面凹砂轮	35	40	35
双面凹带锥砂轮	35	40	
薄片砂轮	35	50	50
碗形砂轮	30	35	
杯形砂轮	30	35	
碟形一号砂轮	30	35	
碟形二号砂轮	30		
碟形三号砂轮	30		
磨量规砂轮	30	30	
丝锥抛光砂轮			20
板牙抛光砂轮			20
磨螺纹砂轮	50	50	

二维码 6-1

6.1.1.5 任务实施

6.1.1.5.1 学生分组

学生分组表 6-1

班级		组号		授课教师	
组长		学号			
组员	姓名	学号	姓名	学号	

6.1.1.5.2　完成任务工单

任务工作单

组号：_____　姓名：_____　学号：_____　检索号：　61152 – 1

引导问题：

（1）认真阅读如图 6 – 1 所示轴套零件图，填写表 6 – 3 所示内容。

表 6 – 3　加工用工具、代号、尺寸及精度

序号	加工内容	磨床型号、砂轮形状代号及尺寸	尺寸精度及精度等级
1	粗磨和精磨 $\phi 80^{+0.700}_{-0.005}$ mm 内孔	粗磨：	
		精磨：	
2	$\phi 130$ mm 阶台端面		
3	$\phi 95^{+0.009}_{-0.006}$ mm 外圆		

（2）已知磨床、砂轮形状及尺寸大小，请问如何判断砂轮是否安全？请用数学表达式表达。

_____

_____

任务工作单

组号：_____　姓名：_____　学号：_____　检索号：　61152 – 2

引导问题：

（1）根据如图 6 – 1 所示轴套零件图，粗磨和精磨砂轮有何不同？请讨论分析。

_____

_____

6.1.1.5.3　合作探究

任务工作单

组号：_____　姓名：_____　学号：_____　检索号：　61153 – 1

引导问题：

（1）小组讨论，教师参与，确定任务工作单 61152 – 1 和 61152 – 2 的最优答案，并检讨自己存在的不足。

_____

_____

（2）每组推荐 1 名小组长，进行汇报。根据汇报情况，再次检讨自己的不足。

_____

_____

6.1.1.6 评价反馈

任务工作单

组号：_____ 姓名：_____ 学号：_____ 检索号：__6116-1__

自我评价表

班级		组名		日期	年 月 日
评价指标	评价内容			分数/分	分数评定
信息检索能力	能有效利用网络、图书资源查找有用的相关信息等；能将查到的信息有效地传递到工作中			10	
感知学习	是否能在学习中获得满足感、课堂生活的认同感			10	
参与态度、交流沟通	积极主动与教师、同学交流，相互尊重、理解、平等；与教师、同学之间是否能够保持多向、丰富、适宜的信息交流			10	
	能处理好合作学习和独立思考的关系，做到有效学习；能提出有意义的问题或能发表个人见解			10	
知识、能力获得	序号	加工内容	磨床型号、砂轮形状代号及尺寸	尺寸精度及精度等级	20
	1	粗磨和精磨 $\phi 80^{+0.700}_{-0.005}$ mm 内孔	粗磨：		
			精磨：		
	2	$\phi 130$ mm 阶台端面			
	3	$\phi 95^{+0.009}_{-0.006}$ mm 外圆			
	磨床、砂轮形状及尺寸大小已经确定，阐述并判断砂轮安全性的方法： 写出判断砂轮安全性的数学表达式：			10	
	粗磨和精磨如图6-1所示轴套零件，阐述选择砂轮的方法：			10	
辩证思维能力	是否能发现问题、提出问题、分析问题、解决问题、创新问题			10	
自我反思	按时按质地完成任务；较好地掌握知识点；具有较为全面、严谨的思维能力，并能条理清楚、明晰地表达成文			10	
	自评分数				
有益的经验和做法					

任务工作单

组号：_____ 姓名：_____ 学号：_____ 检索号：__6116-2__

小组内互评验收表

验收人组长		组名		日期	年　月　日
组内验收成员					
任务要求	能根据被加工工件的形状、精度要求，确定砂轮代号及尺寸规格；在已知磨床、砂轮形状及尺寸大小的情况下，明确判断砂轮安全性的方法，并能用数学表达式表达；粗磨和精磨轴套零件时，能正确选择砂轮；文献检索目录清单，不少于5份					
文档验收清单	被评价人完成的61152-1任务工作单				
	被评价人完成的61152-2任务工作单				
	文献检索目录清单				
验收评分	评分标准				分数/分	得分
	能根据被加工工件的形状、精度要求，确定砂轮代号及尺寸规格，错一处扣5分				25	
	在已知磨床、砂轮形状及尺寸大小的情况下，明确判断砂轮安全性的方法，并能用数学表达式表达，错一处扣5分				25	
	粗磨和精磨轴套零件时，能正确选择砂轮，错误不得分				25	
	文献检索目录清单，至少5份，少一份扣5分				25	
	评价分数					
总体效果定性评价						

任务工作单

被评组号：_____ 检索号：__6116-3__

小组间互评表

班级		评价小组		日期	年　月　日
评价指标	评价内容				分数/分	分数评定
汇报表述	表述准确				15	
	语言流畅				10	
	准确反映该组完成情况				15	
内容正确度	内容正确				30	
	句型表达到位				30	
	互评分数					

任务工作单

组号：_____ 姓名：_____ 学号：_____ 检索号：6116-4

任务完成情况评价表

任务名称		砂轮的种类及其应用		总得分		
评价依据		学生完成任务后的任务工作单				
序号	任务内容及要求		配分/分	评分标准	教师评价	
					结论	得分
1	能根据被加工工件的形状、精度要求，确定砂轮代号及尺寸规格	选择正确	30	错误不得分		
2	在已知磨床、砂轮形状及尺寸大小的情况下，明确判断砂轮安全性的方法，并能用数学表达式表达	阐述正确	20	错误一处扣5分		
3	粗磨和精磨轴套零件时，能正确选择砂轮	选择正确	30	错误不得分		
4	文献检索目录清单	清单数量	10	缺一个扣2分		
5	素质素养评价	（1）沟通交流能力 （2）团队合作 （3）课堂纪律 （4）合作探学 （5）自主研学	10	酌情赋分，但违反课堂纪律，不听从组长、教师安排，不得分		

二维码 6-3

任务二　砂轮的结构认知

砂轮是磨削加工中最常用的工具，它是由结合剂将磨料颗粒黏结而成的多孔体。磨料起切削作用，结合剂把磨料结合起来，经压坯、干燥、焙烧，使之具有一定的形状和硬度。结合剂并未填满磨料之间的全部空间，因而有气孔存在，如图6-2所示。

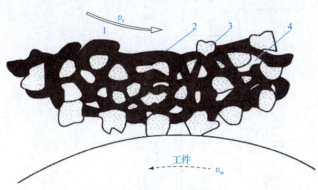

图6-2　砂轮的构造
1—砂轮；2—结合剂；3—磨料；4—气孔

6.1.2.1　任务描述

图6-3所示为砂轮箱主轴零件图，请仔细分析零件的表面粗糙度要求，确定零件的哪些表面需要粗磨、哪些表面需要精磨，确定砂轮的结构，并选择砂轮结构代号。

6.1.2.2　学习目标

1. 知识目标

(1) 掌握砂轮硬度的选择方法；
(2) 掌握磨料的特性及使用范围；
(3) 掌握粒度的选择原则；
(4) 结合剂的类型及使用范围。

2. 能力目标

根据加工表面及精度要求合理地选择砂轮结构。

3. 素养素质目标

(1) 培养能根据实际情况辩证分析问题的能力；
(2) 培养热爱劳动的意识；
(3) 培养质量、效益、成本意识。

6.1.2.3　重难点

1. 重点

(1) 砂轮各个组成要素的选择原则；
(2) 砂轮代号的识别。

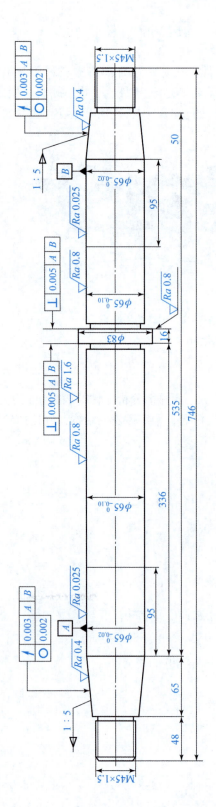

图6-3 砂轮箱主轴

2. 难点

砂轮形状及尺寸的确定原则。

6.1.2.4 相关知识链接

6.1.2.4.1 砂轮的组成要素

磨料、结合剂、气孔构成了砂轮的组成三要素。砂轮的特性由磨料的种类、磨料颗粒的大小、结合剂的种类、砂轮的硬度和砂轮的组织五个基本参数所决定。

1. 磨料

磨料分为天然磨料和人造磨料两大类。一般天然磨料含杂质多，质地不匀，目前主要使用人造磨料。常用的磨料有氧化物系、碳化物系和超硬磨料系。

二维码 6-4

2. 粒度

粒度是指磨料颗粒的大小。粒度有两种表示方法。旧的表示方法是沿用英制单位，按大小把粒度分为磨粒（颗粒尺寸大于 40 μm）和微粉（颗粒尺寸小于 40 μm）两大类。磨粒（制砂轮用）用筛选法分类，它的粒度号以筛网上每英寸①长度内的孔眼数来表示。例如 60# 粒度的磨粒，说明能通过每英寸 60 个孔眼的筛网，而每英寸 70 个孔眼的筛网就不能通过。粒度号越大，磨粒的实际尺寸越小。微粉（供研磨用）用显微测量法分类，其粒度号是在微粉实际尺寸前加 W 来表示的，数值越大，微粉颗粒尺寸越大。我国在新标准中采用米制单位，磨粒的大小统一以磨粒最大尺寸方向上的尺寸来表示。

3. 结合剂

结合剂是将磨粒黏结成各种形状及尺寸砂轮的材料，它的性能决定了砂轮的强度、耐冲击性、耐腐蚀性、耐热性和砂轮寿命等。此外，结合剂对磨削温度和磨削表面质量也有一定的影响。

二维码 6-5

二维码 6-6

4. 硬度

砂轮的硬度是指在磨削力作用下，磨粒从砂轮表面上脱落的难易程度。如磨粒容易脱落，表明砂轮硬度低，称为软；反之则表明砂轮硬度高，称为硬。当硬度选择合适时，砂轮具有自锐性，即磨削中磨钝的磨粒能自动脱落，而使新磨粒露出表面，从而保持砂轮的正常切削能力。

---

① 1 英寸（in）= 2.54 厘米（cm）。

砂轮的硬度与磨粒的硬度是两个不同的概念，砂轮的软硬主要由结合剂的黏结强度决定，与磨粒本身的硬度无关。相同硬度的磨粒，可以制成不同硬度的砂轮。

砂轮硬度对磨削质量、生产率和砂轮损耗都有很大影响。砂轮硬度的选择主要根据工件材料的性质和具体的磨削条件来考虑。一般来说，磨削硬材料应选用软砂轮，磨削软材料应选用硬砂轮。粗磨选软砂轮，精磨选硬砂轮。磨削非铁金属时，应选用较软砂轮，以免切屑堵塞砂轮。在精磨和成形磨削时，应使用较硬砂轮。砂轮硬度的选择决定于许多因素，其中主要有被磨工件材料、磨削方式和性质等。

二维码 6-7

5. 组织

砂轮的组织表示磨粒、结合剂和气孔三者的体积比例关系，也表示砂轮结构的紧密或疏松程度。磨粒在砂轮体积中所占比例越小，砂轮的组织就越疏松，气孔越多；反之，组织越紧密。气孔可以容纳切屑，使砂轮不易堵塞，还可把切削液带入磨削区，降低磨削温度。但过于疏松会影响砂轮强度，不易保持砂轮的轮廓形状，且会增大磨削表面的表面粗糙度。粗磨，磨削塑料材料和软金属，以及大面积磨削时，应选用组织疏松的砂轮；精磨、成形磨削时，应选用组织紧密的砂轮。

6.1.2.5 任务实施

6.1.2.5.1 学生分组

二维码 6-8

学生分组表 6-2

班级		组号		授课教师	
组长		学号			
组员	姓名	学号	姓名	学号	

6.1.2.5.2 完成任务工单

任务工作单

组号：_____ 姓名：_____ 学号：_____ 检索号：__61252-1__

引导问题：

(1) 认真阅读如图 6-2 所示砂轮箱主轴零件图，填写表 6-4 所示内容。

表 6-4 砂轮结构代号及尺寸精度

序号	加工内容	砂轮结构代号	尺寸精度及精度等级
1	$\phi 65_{-0.10}^{0}$ mm 外圆	粗磨：	
		精磨：	
2	两端 1∶5 圆锥面	粗磨：	
		精磨：	

(2) 什么叫作砂轮的自锐性？砂轮硬度与磨料硬度有何不同？如何选择砂轮硬度？

(3) 常用磨料有哪几种？各用什么代号表示？有什么特性？适用于何种场合？

(4) 砂轮的组织号表示什么意思？一般磨削常用的组织号是什么？

任务工作单

组号：_____ 姓名：_____ 学号：_____ 检索号：__61252-2__

引导问题：

(1) 根据如图 6-2 所示砂轮箱主轴零件图，粗磨和精磨砂轮时，硬度、磨料及组织有何不同？请讨论分析。

6.1.2.5.3 合作探究

任务工作单

组号：_____ 姓名：_____ 学号：_____ 检索号：__61253-1__

引导问题：

(1) 小组讨论，教师参与，确定任务工作单 61252-1 和 61252-2 的最优答案，并检讨自己存在的不足。

(2)每组推荐 1 名小组长,进行汇报。根据汇报情况,再次检讨自己的不足。

6.1.2.6 评价反馈

任务工作单

组号:_____   姓名:_____   学号:_____   检索号:__6126-1__

自我评价表

班级		组名		日期	年 月 日
评价指标	评价内容			分数/分	分数评定
信息检索能力	能有效利用网络、图书资源查找有用的相关信息等;能将查到的信息有效地传递到工作中			10	
感知学习	是否能在学习中获得满足感、课堂生活的认同感			10	
参与态度、交流沟通	积极主动与教师、同学交流,相互尊重、理解、平等;与教师、同学之间是否能够保持多向、丰富、适宜的信息交流			10	
	能处理好合作学习和独立思考的关系,做到有效学习;能提出有意义的问题或能发表个人见解			10	
知识、能力获得	序号	加工内容	砂轮结构代号	尺寸精度及精度等级	
	1	磨 $\phi 65_{-0.10}^{0}$ mm 外圆	粗磨: 精磨:		20
	2	两端 1:5 圆锥面	粗磨: 精磨:		
	砂轮自锐性	砂轮硬度与磨料硬度的区别	选择砂轮硬度的方法		10
	磨削图 6-2 所示砂轮箱主轴时,确定粗磨和精磨砂轮硬度、磨料及组织:				

续表

班级		组名		日期	年　月　日
评价指标	评价内容			分数/分	分数评定
知识、能力获得	常用磨料的种类	代号	特性及选用	10	
	砂轮组织号的含义： 一般磨削常用的组织号是：			10	
辩证思维能力	是否能发现问题、提出问题、分析问题、解决问题、创新问题			5	
自我反思	按时按质地完成任务；较好地掌握知识点；具有较为全面、严谨的思维能力，并能条理清楚、明晰地表达成文			50	
	自评分数				
有益的经验和做法					

任务工作单

组号：＿＿＿＿　　姓名：＿＿＿＿　　学号：＿＿＿＿　　检索号：＿6126－2＿

小组内互评验收表

验收人组长		组名	日期	年　月　日
组内验收成员				
任务要求	能根据被加工工件的形状、精度要求，确定砂轮代号及尺寸规格；能选择砂轮；能正确分析砂轮各组织号的含义，并能合理利用；文献检索目录清单，不少于5份			
文档验收清单	被评价人完成的61252-1任务工作单			
	被评价人完成的61252-2任务工作单			
	文献检索目录清单			
	评分标准		分数/分	得分
验收评分	能根据被加工工件的形状、精度要求，确定砂轮代号及尺寸规格，错一处扣5分		25	
	能选择砂轮，错一处扣5分		25	
	能正确分析砂轮各组织号的含义，并能合理利用，错误不得分		25	
	文献检索目录清单，至少5份，少一份扣5分		25	
	评价分数			
总体效果定性评价				

任务工作单

被评组号：_____　　　　　　检索号：6126 – 3

小组间互评表

班级		评价小组		日期	年　月　日
评价指标	评价内容			分数/分	分数评定
汇报表述	表述准确			15	
	语言流畅			10	
	准确反映该组完成情况			15	
内容正确度	内容正确			30	
	句型表达到位			30	
	互评分数				

二维码 6-9

任务工作单

组号：_____　姓名：_____　学号：_____　检索号：6126 – 4

任务完成情况评价表

任务名称		砂轮的结构认识		总得分		
评价依据		学生完成任务后的任务工作单				
序号	任务内容及要求		配分/分	评分标准	教师评价	
					结论	得分
1	能根据被加工工件的形状、精度要求，确定砂轮代号及尺寸规格	选择正确	30	错一处扣5分		
2	能选择砂轮	选择正确	20	错误不得分		
3	能正确分析砂轮各组织号的含义，并能合理利用	阐述正确	30	错误一处扣5分		
4	文献检索目录清单	清单数量	10分	缺一个扣2分		
5	素质素养评价	(1) 沟通交流能力	10	酌情赋分，但违反课堂纪律、不听从组长、教师安排，不得分		
		(2) 团队合作				
		(3) 课堂纪律				
		(4) 合作探学				
		(5) 自主研学				

二维码 6-10

任务三　磨削方式应用

6.1.3.1　任务描述

加工如图 6-1 所示轴套类零件，请选择磨削方法。

6.1.3.2　学习目标

1. 知识目标

（1）掌握内圆磨削方法及应用场合；
（2）掌握外圆磨削方法及应用场合；
（3）掌握平面磨削方法及应用场合。

2. 能力目标

根据加工表面特点选择合理的磨削方式。

3. 素养素质目标

（1）培养辩证分析和解决问题的能力；
（2）培养热爱劳动的意识；
（3）培养质量、成本、效益意识。

6.1.3.3　重难点

1. 重点

（1）各种磨削方式的特点及其应用场合；
（2）选择轴类零件磨削步骤的原则。

2. 难点

无心外圆磨削、无心内圆磨削的原理及安装方法。

6.1.3.4　相关知识链接

6.1.3.4.1　外圆磨削

外圆磨削可以在普通外圆磨床或万能外圆磨床上进行，也可在无心磨床上进行，通常作为半精车后的精加工。外圆磨削的方法一般有四种：纵磨法、横磨法、深磨法和无心外圆磨法。

1. 纵磨法

磨削时，工件做圆周进给运动，同时随工作台做纵向进给运动，使砂轮能磨出全部表面。每一纵向行程或往复行程结束后，砂轮做一次横向进给，把磨削余量逐渐磨去，如图 6-4 所示。

采用纵磨法，砂轮全宽上各处磨粒的工作情况是不同的。处于纵向进给方向前部的磨粒，担负主要的切削工作；而后部的磨粒，主要起磨光作用。由于没有充分发挥后面部分磨粒的切削能力，所以磨削效率较低。但由于后面部分磨粒的磨光作用，工件上残留面积大大减少，表面粗糙度较小。为了保证工件两端的加工精度，砂轮应越出工件磨削面 1/3～1/2 的砂轮宽度。另外，纵磨时磨削深度小、磨削力小、散热条件好、磨削温度低，而且精磨到最后可做几次无横向进给的光磨，能逐步消除由于机床、工件、夹具弹性变形而产生的误差，所以磨削精度较高。

纵磨法是常用的一种磨削方法，可以磨削很长的表面，磨削质量好，特别是在单件、小批生产以及精磨时，一般都采用这种方法。

2. 横磨法（切入磨法）

采用横磨法，工件无纵向进给运动，即采用一个比需要磨削的表面还要宽一些（或与磨削表面一样宽）的砂轮以很慢的进给速度向工件横向进给，直到磨掉全部加工余量，如图 6-5 所示。

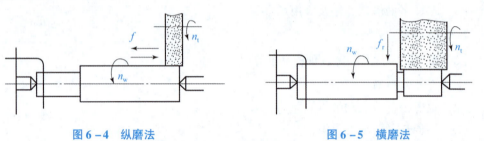

图 6-4 纵磨法　　　　　图 6-5 横磨法

采用横磨法，砂轮全宽上各处磨粒的切削能力都能充分发挥，磨削效率较高。但因工件相对砂轮无纵向运动，相当于成形磨削，当砂轮因修整不好、磨损不均、外形不正确时，砂轮的形状误差将直接影响到工件的形状精度。另外，因砂轮与工件的接触宽度大，因而磨削力大、磨削温度高。所以，工件刚性一定要好，而且要勤修整砂轮及供给充分的切削液。

横磨法主要用于磨削长度较短的外圆表面以及两边都有台阶的轴颈。

3. 深磨法

深磨法的特点是全部磨削余量（直径上一般为 0.2～0.6 mm）在一次纵走刀中磨去。磨削时工件圆周进给速度和纵向送给速度都很慢，砂轮前端修整成阶梯形 [见图 6-6 (a)] 或锥形 [见图 6-6 (b)]。修整砂轮时，最大直径的外圆要修整得很精细，因为它起精磨作用；其他阶梯修整得粗糙些，第一台阶深度应大于第二台阶。

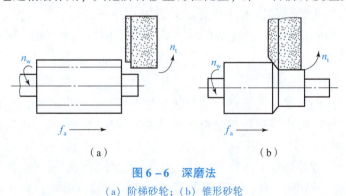

图 6-6 深磨法
(a) 阶梯砂轮；(b) 锥形砂轮

这样,相当于把整个余量分配给粗磨、半精磨与精磨。深磨法的生产率约比纵磨法高一倍,能达到 IT6 级公差等级,表面粗糙度的 Ra 值在 $0.4\sim0.8~\mu m$。但修整砂轮较复杂,只适于大批、大量生产,用于磨削允许砂轮越出被加工面两端较大距离的工件。

4. 无心外圆磨削法

无心外圆磨削的加工原理如图 6-7 所示。工件放在磨削砂轮和导轮之间,下方有一托板,磨削砂轮(也称为工作砂轮)旋转起切削作用,导轮是磨粒极细的橡胶结合剂砂轮。工件与导轮之间的摩擦力较大,从而使工件以接近于导轮的线速度回转。为了使工件定位稳定,并与导轮有足够的摩擦力矩,必须把导轮与工件接触部位修整成直线。因此,导轮圆周表面为双曲线回转面。无心外圆磨削在无心外圆磨床上进行。无心外圆磨床生产率很高,但调整复杂;不能校正套类零件孔与外圆的同轴度误差;不能磨削具有较长轴向沟槽的零件,以防外圆产生较大的圆度误差。因此,无心外圆磨削多用于细长光轴、轴销和小套等零件的成批、大量生产。

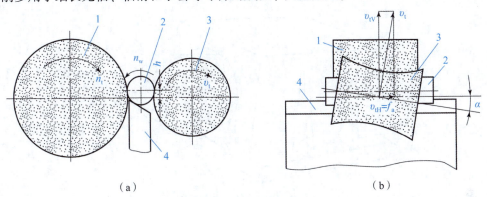

图 6-7 无心外圆磨
1—磨削砂轮;2—工件;3—导轮;4—托板

6.1.3.4.2 内圆磨削

内圆磨削除了在普通内圆磨床(见图 6-8)或万能外圆磨床上进行外,对大型薄壁零件,还可采用无心内圆磨削(见图 6-9);对重量大、形状不对称的零件,可采用行星式内圆磨削(见图 6-10),此时工件外圆应先经过精加工。

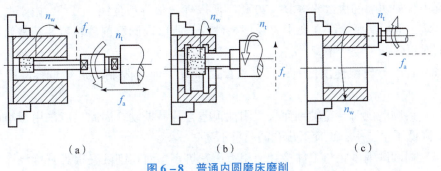

图 6-8 普通内圆磨床磨削
(a) 纵磨法磨内孔;(b) 切入法磨内孔;(c) 磨端面

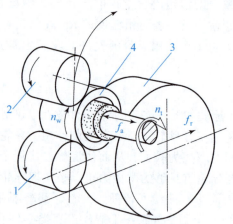

图 6-9 无心内圆磨削
1—滚轮；2—压紧轮；3—导轮；4—工件

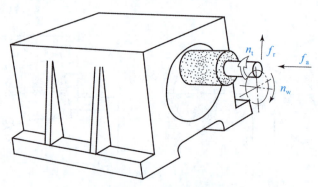

图 6-10 行星式内圆磨削

内圆磨削由于砂轮轴刚性差，一般都采用纵磨法。只有孔径较大、磨削长度较短的特殊情况下，内圆磨削才采用横磨法。

与外圆磨削相比，内圆磨削有以下一些特点：

(1) 磨内圆时，受工件孔径的限制，只能采用较小直径的砂轮。如砂轮线速度一样的话，内圆磨削的砂轮转速要比外圆磨削的提高10~20倍，即砂轮上每一磨粒在单位时间内参加切削的次数要多10~20倍，所以砂轮很容易变钝。另外，由于磨屑排除比较困难，故磨屑常聚积在孔中容易堵塞砂轮。所以内圆磨削砂轮需要经常修整和更换，同时也降低了生产率。

(2) 由于砂轮线速度低，故工件表面磨不光，而且限制了进给量，使磨削生产率降低。

(3) 内圆磨削时砂轮轴细而长，刚性很差，容易振动。因此只能采用很小的切入量，既降低了生产率，也使磨出孔的质量不高。

(4) 内圆磨削砂轮与工件接触面积大，发热多，而切削液又很难直接浇注到磨削区域，故磨削温度高。

综上所述，内圆磨削的条件比外圆磨削差，所以磨削用量要选得小些，另外应该选用较软的、粒度号小的、组织较疏松的砂轮，并注意改进操作方法。

6.1.3.4.3 平面磨削

零件上各种位置的平面，如互相平行的平面、互相垂直的平面和倾斜成一定角度的平面（机床导轨面、V形面等），都可用磨削进行加工，如图6-11所示。磨削后平面表面粗糙度的 Ra 值在 $0.2 \sim 0.8$ μm 之间，尺寸可达 IT5～IT6，对基面的平行度可达 $0.005 \sim 0.01$ mm/500 mm。

图6-11（a）所示为周边磨削，其特点是砂轮与工件接触面小，磨削力小，排屑和冷却条件好，工件的热变形小，而且砂轮磨损均匀，所以工件的加工精度高。但是砂轮主轴悬臂工作，限制了磨削用量的选择，生产率较低。图6-11（b）所示为端面磨削，其特点是砂轮与工件接触面大，主轴轴向受力，刚性较好，所以允许采用较大的磨削用量，生产率较高。但是端面磨削磨削力大，发热量大，排屑和冷却条件较差，工件的热变形较大，而且砂轮磨损不均匀，所以工件的加工精度较低。

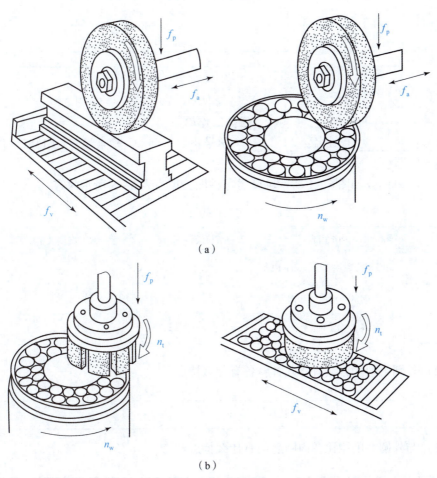

图6-11 平面磨削
(a) 周边磨削；(b) 端面磨削

6.1.3.5 任务实施

6.1.3.5.1 学生分组

学生分组表 6-3

班级		组号		授课教师	
组长		学号			
组员	姓名	学号		姓名	学号

6.1.3.5.2 完成任务工单

任务工作单

组号：_____ 姓名：_____ 学号：_____ 检索号：__61352-1__

引导问题：

(1) 认真阅读如图 6-1 所示轴套类零件图，填写表 6-5 所示内容。

表 6-5 磨削方式及尺寸精度

序号	加工内容	磨削方式	尺寸精度及精度等级
1	粗磨和精磨 $\phi 80_{-0.005}^{+0.700}$ mm 内孔		
2	$\phi 130$ mm 阶台端面		
3	$\phi 95_{-0.006}^{+0.009}$ mm 外圆		

(2) 外圆磨削的方法有哪几种？各有什么特点？

(3) 与外圆磨削相比，内圆磨削有什么特点？

任务工作单

组号：_____ 姓名：_____ 学号：_____ 检索号：_61352-2_

引导问题：

(1) 根据如图 6-1 所示轴套零件图，磨削外圆和内孔时如何装夹？磨削用量如何选择？请讨论分析。

_____

_____

6.1.3.5.3 合作探究

任务工作单

组号：_____ 姓名：_____ 学号：_____ 检索号：_61353-1_

引导问题：

(1) 小组讨论，教师参与，确定任务工作单 61352-1 和 61352-2 的最优答案，并检讨自己存在的不足。

_____

_____

(2) 每组推荐 1 名小组长，进行汇报。根据汇报情况，再次检讨自己的不足。

_____

_____

6.1.3.6 评价反馈

任务工作单

组号：_____ 姓名：_____ 学号：_____ 检索号：_6136-1_

自我评价表

班级		组名		日期	年　月　日
评价指标	评价内容			分数/分	分数评定
信息检索能力	能有效利用网络、图书资源查找有用的相关信息等；能将查到的信息有效地传递到工作中			10	
感知学习	是否能在学习中获得满足感、课堂生活的认同感			10	
参与态度、交流沟通	积极主动与教师、同学交流，相互尊重、理解、平等；与教师、同学之间是否能够保持多向、丰富、适宜的信息交流			10	
	能处理好合作学习和独立思考的关系，做到有效学习；能提出有意义的问题或能发表个人见解			10	

续表

班级		组名		日期	年 月 日
评价指标	评价内容			分数/分	分数评定
知识、能力获得	序号	加工内容	磨削方式	尺寸精度及精度等级	20
	1	磨 $\phi 80^{+0.700}_{-0.005}$ 孔	粗磨： 精磨：		
	2	$\phi 130$ 阶台端面			
	3	$\phi 95^{+0.009}_{-0.006}$ mm 外圆			
	外圆磨削种类	特点	应用		10
	内圆磨削种类	特点	应用		10
	磨削如图 6-1 所示轴套类零件，在磨削外圆和内孔时如何装夹： 磨削用量：				10
辩证思维能力	是否能发现问题、提出问题、分析问题、解决问题、创新问题				5
自我反思	按时按质地完成任务；较好地掌握知识点；具有较为全面、严谨的思维能力，并能条理清楚、明晰地表达成文				5
	自评分数				
有益的经验和做法					

任务工作单

组号：_____   姓名：_____   学号：_____   检索号：__6136-2__

小组内互评验收表

验收人组长		组名		日期	年 月 日
组内验收成员					
任务要求	能根据被加工工件的形状、精度要求，选择磨削方法；能判定各种磨削方法的优缺点；在磨削工件时能选择合理的装夹方式；文献检索目录清单，不少于5份				
文档验收清单	被评价人完成的61352-1任务工作单				
	被评价人完成的61352-2任务工作单				
	文献检索目录清单				
验收评分	评分标准			分数/分	得分
	能根据被加工工件的形状、精度要求，选择磨削方法，错一处扣5分			25	
	能判定各种磨削方法的优缺点，错一处扣5分			25	
	在磨削工件时能选择合理的装夹方式，错误不得分			25	
	文献检索目录清单，至少5份，少一份扣5分			25	
	评价分数				
总体效果定性评价					

任务工作单

被评组号：_____   检索号：__6136-3__

小组间互评表

班级		评价小组		日期	年 月 日
评价指标	评价内容			分数/分	分数评定
汇报表述	表述准确			15	
	语言流畅			10	
	准确反映该组完成情况			15	
内容正确度	内容正确			30	
	句型表达到位			30	
	互评分数				

二维码6-12

模块六　磨削加工及砂轮应用

任务工作单

组号：_____ 姓名：_____ 学号：_____ 检索号：__6136-4__

任务完成情况评价表

任务名称		磨削方法应用			总得分	
评价依据		学生完成任务后的任务工作单				
序号	任务内容及要求		配分/分	评分标准	教师评价	
					结论	得分
1	能根据被加工工件的形状、精度要求，选择磨削方法	选择正确	30	错误不得分		
2	能判定各种磨削方法的优缺点	分析正确	20	错误一处扣4分		
3	在磨削工件时能选择合理的装夹方式	选择正确	30	错误不得分		
4	文献检索目录清单	清单数量	10	缺一个扣2分		
5	素质素养评价	（1）沟通交流能力 （2）团队合作 （3）课堂纪律 （4）合作探学 （5）自主研学	10	酌情赋分，但违反课堂纪律、不听从组长、教师安排，不得分		

二维码6-13

项目二　磨削切削参数选用

任务一　砂轮的磨损与修整

6.2.1.1　任务描述

加工如图6-3所示的砂轮箱主轴零件,现要磨削外圆或锥面,请说出判断砂轮磨损的依据,谈谈砂轮的修整方法。

6.2.1.2　学习目标

1. 知识目标

(1) 掌握砂轮磨损的类型及原因;
(2) 掌握砂轮的修整方法及所使用的工具。

2. 能力目标

根据加工表面及精度要求合理地修整砂轮。

3. 素养素质目标

(1) 培养善于观察和分析问题的能力;
(2) 培养热爱劳动的意识;
(3) 培养精益求精的工匠精神。

6.2.1.3　重难点

1. 重点

(1) 砂轮的修整方法;
(2) 根据砂轮磨损情况及加工要求合理地选择修整工具。

2. 难点

砂轮的修整方法。

6.2.1.4　相关知识链接

1. 砂轮的磨损

砂轮的磨损可分为磨耗磨损和破碎磨损。磨耗磨损是由于磨粒与工件之间的摩擦引起的,一般发生在磨粒与工件的接触处。在磨损过程中,磨粒逐渐变钝,并形成磨损小平面。当变钝的磨粒逐渐增多时,磨削力随之增大,如不及时修整砂轮,将出现工件表面烧伤、振颤等后果。破碎磨损是由磨粒的破碎或者结合剂的破碎而引起的,表现为磨粒破碎或磨粒脱落。破碎磨损的程度取决于磨削力的大小和磨粒或结合剂的强度。磨削过程中，若作用在磨粒上的应力超过磨粒本身的强度，磨粒上的一部分就会以微小碎片的形式从砂轮上脱落，形成磨粒破碎磨损。若砂轮结合剂被破坏，则会形成磨粒脱落磨损。

2. 砂轮的修整

新砂轮使用一段时间后，磨粒逐渐变钝，由于磨削过程中砂轮不可能时时具有自锐性，且磨屑和碎磨粒会堵塞砂轮工作表面空隙，致使砂轮丧失外形精度和切削能力。所以，砂轮工作一段时间后必须进行修整。砂轮需进行修整（达到寿命）的判别依据：砂轮磨损量达到一定数值时会使工件发生振颤、表面粗糙度值突然增加或表面烧伤。

修整砂轮常用的工具有单粒金刚石笔、多粒细碎金刚石笔和金刚石滚轮，如图6-12所示。其中，应用最多的是用单粒金刚石笔，其修整过程相当于用金刚石车刀车削砂轮外圆，如图6-13所示。多粒金刚石笔修整效率较高，所修整砂轮磨出的工件表面粗糙度较小。金刚石滚轮修整效率更高，适用于修整成形砂轮。修整时，应根据不同的磨削条件，选择不同的修整用量。一般砂轮的单边总修整量为0.1~0.2 mm。

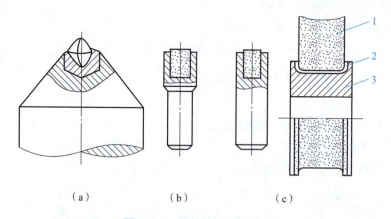

图6-12 修整砂轮用的工具
(a) 单粒金刚石笔；(b) 多粒细碎金刚石笔；(c) 金刚石滚轮
1—被修整砂轮；2—金刚石；3—轮体

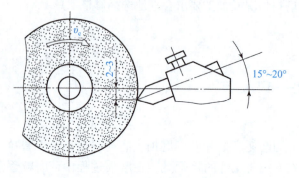

图6-13 单粒金刚石笔修整砂轮

6.2.1.5 任务实施

6.2.1.5.1 学生分组

学生分组表 6-4

班级		组号		授课教师	
组长		学号			
组员	姓名	学号		姓名	学号

6.2.1.5.2 完成任务工单

任务工作单

组号：_____ 姓名：_____ 学号：_____ 检索号：__62152-1__

引导问题：

(1) 磨削加工如图 6-3 所示砂轮箱主轴时，请填写表 6-6 所示内容。

表 6-6 磨损形式及其判断

序号	磨损形式	判断砂轮磨损的方法及特征	修整砂轮所用工具
1			

(2) 简述砂轮修整时金刚石笔的调整方法。

_____

_____

任务工作单

组号：_____ 姓名：_____ 学号：_____ 检索号：__62152-2__

引导问题：

(1) 砂轮的磨损有哪几种形式？怎样判断砂轮是否已磨损？常用的修整砂轮工具有哪些？请讨论分析。

_____

_____

6.2.1.5.3　合作探究

任务工作单

组号：_____　姓名：_____　学号：_____　检索号：<u>62153 – 1</u>

引导问题：

（1）小组讨论，教师参与，确定任务工作单 62152 – 1 和 62152 – 2 的最优答案，并检讨自己存在的不足。

_____

_____

（2）每组推荐 1 名小组长，进行汇报。根据汇报情况，再次检讨自己的不足。

_____

6.2.1.6　评价反馈

任务工作单

组号：_____　姓名：_____　学号：_____　检索号：<u>6216 – 1</u>

自我评价表

班级		组名		日期	年　月　日
评价指标	评价内容			分数/分	分数评定
信息检索能力	能有效利用网络、图书资源查找有用的相关信息等；能将查到的信息有效地传递到工作中			10	
感知学习	是否能在学习中获得满足感、课堂生活的认同感			10	
参与态度、交流沟通	积极主动与教师、同学交流，相互尊重、理解、平等；与教师、同学之间是否能够保持多向、丰富、适宜的信息交流			10	
	能处理好合作学习和独立思考的关系，做到有效学习；能提出有意义的问题或能发表个人见解			10	
知识、能力获得	砂轮磨损常见形式	磨损原因	修整工具	20	
	砂轮修整时，金刚石笔的修整方法：			10	
	判断砂轮磨损的方法	常用的修整砂轮工具	应用	10	

续表

班级		组名		日期	年 月 日
评价指标	评价内容			分数/分	分数评定
辩证思维能力	是否能发现问题、提出问题、分析问题、解决问题、创新问题			10	
自我反思	按时按质地完成任务；较好地掌握知识点；具有较为全面、严谨的思维能力，并能条理清楚、明晰地表达成文			10	
		自评分数			
有益的经验和做法					

任务工作单

组号：_____ 姓名：_____ 学号：_____ 检索号：_6216-2_

小组内互评验收表

验收人组长		组名		日期	年 月 日
组内验收成员					
任务要求	砂轮磨损形式；砂轮磨损原因；砂轮的修整方法；常用修整工具；文献检索目录清单，不少于5份				
文档验收清单	被评价人完成的62152-1任务工作单				
	被评价人完成的62152-2任务工作单				
	文献检索目录清单				
	评分标准			分数/分	得分
验收评分	砂轮磨损形式，错一处扣5分			20	
	砂轮磨损原因，错一处扣5分			20	
	砂轮修整方法，错误不得分			20	
	常用修整工具及应用			20	
	文献检索目录清单，至少5份，少一份扣5分			20	
	评价分数				
总体效果定性评价					

任务工作单

被评组号：_____ 检索号：　6216－3

小组间互评表

班级		评价小组		日期	年　月　日
评价指标		评价内容		分数/分	分数评定
汇报表述		表述准确		15	
		语言流畅		10	
		准确反映该组完成情况		15	
内容正确度		内容正确		30	
		句型表达到位		30	
		互评分数			

二维码 6－14

任务工作单

组号：_____　姓名：_____　学号：_____　检索号：　6216－4

任务完成情况评价表

任务名称		砂轮的磨损与修整			总得分	
评价依据		学生完成任务后的任务工作单				
序号	任务内容及要求		配分/分	评分标准	教师评价	
					结论	得分
1	砂轮磨损形式	分析正确	30	错误处扣5分		
2	砂轮磨损原因	分析正确	20	错误一处扣4分		
3	砂轮修整方法	阐述正确	20	错误不得分		
4	常用修整工具及应用	阐述正确	10	缺一个扣2分		
5	文献检索目录清单	清单数量	10	少一份扣5分		
6	素质素养评价	（1）沟通交流能力 （2）团队合作 （3）课堂纪律 （4）合作探学 （5）自主研学	10	酌情赋分，但违反课堂纪律，不听从组长、教师安排，不得分		

二维码 6－15

任务二 磨削参数选用

6.2.2.1 任务描述

加工如图 6-14 所示的输出轴零件,请确定磨削外圆时的磨削用量。

6.2.2.2 学习目标

1. 知识目标

(1) 区分磨削时的主运动和进给运动;
(2) 砂轮转速的确定及切削速度的计算方法;
(3) 掌握磨削时的三种进给运动及进给量的选择方法。

2. 能力目标

根据加工表面及精度要求合理地选择磨削用量。

3. 素养素质目标

(1) 培养根据实际情况能具体问题具体分析的意识;
(2) 培养热爱劳动的意识;
(3) 培养效益、质量与成本的意识。

6.2.2.3 重难点

1. 重点

(1) 圆周进给量的计算方法;
(2) 粗磨和精磨时径向进给量的选择;
(3) 切削速度选择及砂轮转速的计算方法。

2. 难点

圆周进给量的计算方法

6.2.2.4 相关知识链接

生产中常用的有外圆、内圆和平面磨削,现以外圆磨削(见图 6-15)为例进行分析。

1. 主运动

砂轮旋转运动是主运动。砂轮旋转的线速度为磨削速度 v_c(单位为 m/s),一般 v_c 为 25~35 m/s(外圆磨削和平面磨削时一般在 30~35 m/s,内圆磨削时一般在 18~30 m/s)。

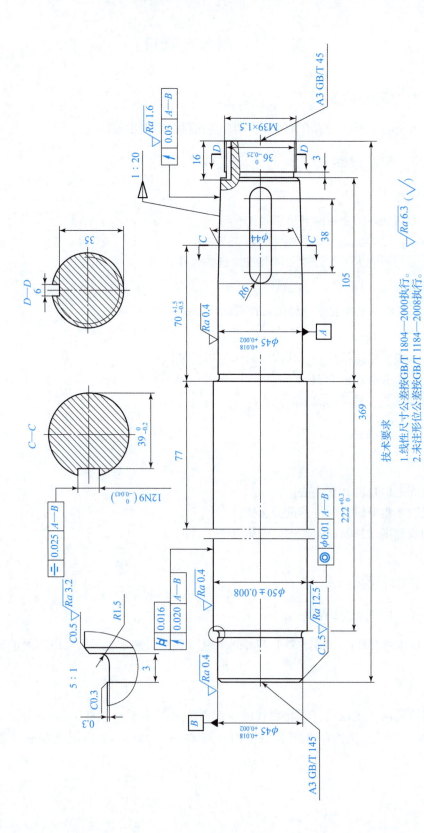

图 6-14 40Cr 输出轴零件图

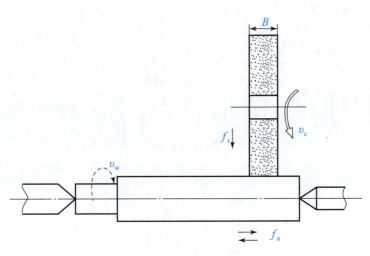

图 6-15 外圆磨削运动

2. 进给运动

磨削时的进给运动一般有圆周进给、轴向进给及径向进给三种。

(1) 圆周进给运动，即工件的旋转运动。工件进给速度用 v_w 表示（单位为 m/min），粗磨时 v_w 为 20~30 mm/min，精磨时 v_w 为 20~60 mm/min。工件进给速度比砂轮线速度小得多，两者的比例大致为 $v_w = \left(\dfrac{1}{80} \sim \dfrac{1}{160}\right)v_c$。$v_w$ 一般为 10~30 mm/min。

在实际生产中，工件直径是已知的，工件进给速度应根据加工条件选定，所以加工时通常需要确定的是工件转速。其公式为

$$n_{工件} = \dfrac{1\,000 v_w}{\pi d_{工件}}$$

(2) 轴向进给运动，即工件相对于砂轮的轴向运动，用进给量 f_a 表示。f_a 指工件每转一转，工件相对于砂轮的轴向移动量（单位为 mm/r）。粗磨时 f_a 为 $(0.3\sim0.7)B$，精磨时为 $(0.3\sim0.4)B$（B 为砂轮宽度，单位为 mm）。

(3) 径向进给运动，即砂轮切入工件的运动，用进给量 f_r 表示。f_r 指工作台每单行程或双行程，砂轮切入工件的深度（磨削深度）t（单位为 mm/单行程或 mm/双行程）。粗磨时 f_r 为 0.015~0.05 mm/单行程或 0.015~0.05 mm/双行程，精磨时为 0.005~0.01 mm/单行程或 0.005~0.01 mm/双行程。

应该注意，对内、外圆磨削，在生产车间中，磨工师傅常常采用双面的磨削深度就是指 $2t$ 而不是 t。例如说吃刀 0.01 mm，意思是说直径是磨去 0.01 mm，而砂轮切入工件表面的深度仅为 0.005 mm。

6.2.2.5 任务实施

6.2.2.5.1 学生分组

学生分组表 6-5

班级		组号		授课教师	
组长		学号			
组员	姓名		学号	姓名	学号

6.2.2.5.2 完成任务工单

任务工作单

组号：_____ 姓名：_____ 学号：_____ 检索号：__62252-1__

引导问题：

（1）认真阅读图 6-3 所示输出轴零件图，分析哪些表面需要采用磨削加工方式，并填入表 6-7。

表 6-7 磨削加工表面及其方式

序号	需要磨削加工的表面	拟采用的磨削方式	磨床型号	磨削参数名称
1				
2				
3				

（2）外圆磨削有哪些运动？磨削用量如何表示？

_____

_____

任务工作单

组号：_____ 姓名：_____ 学号：_____ 检索号：__62252-2__

引导问题：

根据如图 6 – 3 所示砂轮主轴零件图，分析磨削用量的选择及计算方法。

_____

_____

_____

6.2.2.5.3　合作探究

任务工作单

组号：_____　　姓名：_____　　学号：_____　　检索号：___62253 – 1___

引导问题：

(1) 小组讨论，教师参与，确定任务工作单 62252 – 1 和 62252 – 2 的最优答案，并检讨自己存在的不足。

_____

_____

(2) 每组推荐 1 名小组长，进行汇报。根据汇报情况，再次检讨自己的不足。

_____

_____

任务工作单

组号：_____　　姓名：_____　　学号：_____　　检索号：___62253 – 2___

引导问题：

(1) 认真阅读如图 6 – 3 所示输出轴零件图，完成表 6 – 8 所示的数据填写。

表 6 – 8　加工参数

序号	加工内容	磨床型号	磨削阶段	切削速度及砂轮转速	圆周进给时的工件转速	轴向进给量	径向进给量
1	粗磨和精磨 $\phi 45^{+0.018}_{+0.002}$ mm 外圆		粗磨：				
			精磨：				

(2) 扫码，研究一个案例的详解，对比分析自己的不足，并修正自己的选择方案。

二维码 6 – 16

自己的不足：_____

_____

_____

6.2.2.6 评价反馈

任务工作单

组号：_____ 姓名：_____ 学号：_____ 检索号：__6226－1__

自我评价表

班级		组名		日期	年 月 日
评价指标	评价内容			分数/分	分数评定
信息检索能力	能有效利用网络、图书资源查找有用的相关信息等；能将查到的信息有效地传递到工作中			10	
感知学习	是否能在学习中获得满足感、课堂生活的认同感			10	
参与态度、交流沟通	积极主动与教师、同学交流，相互尊重、理解、平等；与教师、同学之间是否能够保持多向、丰富、适宜的信息交流			10	
	能处理好合作学习和独立思考的关系，做到有效学习；能提出有意义的问题或能发表个人见解			10	
知识、能力获得	选择磨削方式的依据	磨床型号的确定方法	磨削用量的确定原则	20	
	磨削如图 6-3 所示砂轮主轴左端直径为 $\phi 45^{+0.018}_{+0.002}$ mm 的外圆，完成下表：			20	
	磨床型号				
	粗磨切削速度及砂轮转速				
	精磨切削速度及砂轮转速				
	圆周进给时的工件转速				
	轴向进给量				
	径向进给量				
辩证思维能力	是否能发现问题、提出问题、分析问题、解决问题、创新问题			10	
自我反思	按时按质地完成任务；较好地掌握知识点；具有较为全面、严谨的思维能力，并能条理清楚、明晰地表达成文			10	
自评分数					
有益的经验和做法					

任务工作单

组号：_____ 姓名：_____ 学号：_____ 检索号：__6226－2__

小组内互评验收表

验收人组长		组名		日期	年 月 日
组内验收成员					
任务要求	磨削方式的选择；砂轮的选择；磨削用量的选择；磨削机床的选择；文献检索目录清单，不少于5份					
文档验收清单	被评价人完成的 62252－1 任务工作单				
	被评价人完成的 62252－2 任务工作单				
	被评价人完成的 62252－3 任务工作单				
	被评价人完成的 62252－4 任务工作单				
	文献检索目录清单				
验收评分	评分标准		分数/分		得分
	磨削方式的选择，错误不得分		20		
	砂轮的选择，错误不得分		20		
	磨削用量的选择，错误不得分		20		
	磨削机床的选择，错误不得分		20		
	文献检索目录清单，至少5份，少一份扣4分		20		
	评价分数				
总体效果定性评价					

任务工作单

被评组号：_____ 检索号：__6226－3__

小组间互评表

班级		评价小组	日期	年 月 日
评价指标		评价内容	分数/分	分数评定
汇报表述	表述准确		15	
	语言流畅		10	
	准确反映该组完成情况		15	
内容正确度	内容正确		30	
	句型表达到位		30	
	互评分数			

任务工作单

组号：_____ 姓名：_____ 学号：_____ 检索号：6226-4

任务完成情况评价表

任务名称		磨削参数选用			总得分	
评价依据		学生完成任务后的任务工作单				
序号	任务内容及要求		配分/分	评分标准	教师评价	
					结论	得分
1	磨削方式的选择	选择正确	30	错误不得分		
2	砂轮的选择	选择正确	20	错误不得分		
3	磨削用量的选择	选择正确	30	错误不得分		
4	文献检索目录清单	清单数量	10	少一份扣4分		
5	素质素养评价	（1）沟通交流能力	10	酌情赋分，但违反课堂纪律，不听从组长、教师安排，不得分		
		（2）团队合作				
		（3）课堂纪律				
		（4）合作探学				
		（5）自主研学				

二维码 6-18

模块七　其他刀具简介及应用

任务一　非标刀具及应用

刨削是加工狭长平面的主要方法，拉削是高效率加工复杂型孔的重要方法。在各种机械产品中，带有螺纹和齿轮的零件应用十分广泛。螺纹的加工方法主要有车削、铣削、磨削及滚压，而车削加工最常用。齿轮的加工方法主要有铣齿、滚齿和插齿等。

7.1.1　任务描述

（1）在刨床上用平口虎钳装夹 1 个正六面体零件，要求刨削完毕后对面平行且相邻面垂直，确定刨削顺序；

（2）车削外螺纹时，正确安装螺纹车刀；

（3）加工模数 $m=6$ 的齿轮，齿数 $z_1=36$、$z_2=34$，试选择盘形齿轮铣刀的刀号，在相同的切削条件下，比较、分析不同齿轮刀具的加工精度。

7.1.2　学习目标

1. 知识目标

（1）熟悉刨刀分类及结构；
（2）熟悉拉削工艺范围和拉刀结构；
（3）熟悉螺纹加工方法及常见螺纹加工刀具；
（4）熟悉齿轮加工方法及常见齿轮加工刀具。

2. 能力目标

（1）能根据螺纹图样和生产实际，选择合适的螺纹加工方法；
（2）能根据齿轮图样和生产实际，选择合适的齿轮加工方法。

3. 素养素质目标

（1）培养实事求是的工作作风；
（2）培养热爱劳动的意识。

7.1.3　重难点

1. 重点

螺纹、齿轮加工方法。

2. 难点

根据图样和生产现场实际，选择合适的螺纹和齿轮加工方法。

7.1.4 相关知识链接

7.1.4.1 刨刀

1. 概述

刨削是在刨床上使用刨刀进行切削加工的一种方法。刨削的加工范围基本上与铣削相似，可以刨削平面、台阶面、燕尾面、矩形槽、V 形槽、T 形槽等。如果采用成形刨刀、仿形装置等辅助装置，也可以加工曲面、齿轮的成形表面，如图 7-1 所示。

二维码 7-1　　二维码 7-2

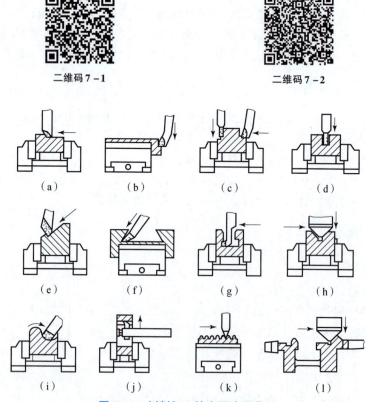

图 7-1　刨削加工的主要应用范围

(a) 刨平面；(b) 刨垂直面；(c) 刨台阶面；(d) 刨直角沟槽；(e) 刨斜面；
(f) 刨燕尾槽；(g) 刨 T 形槽；(h) 刨 V 形槽；(i) 刨曲面；
(j) 刨孔内键槽；(k) 刨齿条；(l) 刨复合表面

2. 刨削加工的特点

（1）刨削过程是一个断续的切削过程，刨刀的返回行程一般不进行切削；切削时有冲击现象也限制了切削用量的提高；刨刀属于单刃刀具，因此刨削加工的生产率是比较低的。但对于狭长平面，刨削加工生产率反而较高。

（2）刨刀结构简单，刀具的制造、刃磨较简便，工件安装也较简便，刨床的调整也比较方便，因此，刨削特别适合于单件、小批生产的场合。

(3) 刨削属于粗加工和半精加工的范畴，可以达到 IT10～IT7，表面粗糙度为 $Ra12.5\sim0.4~\mu m$。刨削加工也易于保证一定的相互位置精度。

(4) 在无抬刀装置的刨床上进行切削，在返回行程时，刨刀后刀面与工件已加工表面会发生摩擦，影响工件的表面质量，也会使刀具磨损加剧，对于硬质合金刀具，甚至会发生崩刃。

(5) 刨削加工切削速度低且有一次空行程，产生的切削热少，散热条件好，除特殊情况外，一般不使用切削液。

3. 刨削加工常用刀具

按刨刀用途分为平面刨刀、偏刀、切刀、弯切刀、角度刀和样板刀等，如图 7-2 所示。

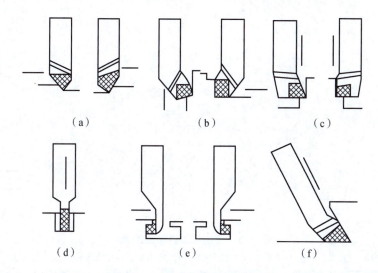

图 7-2 常用刨刀的种类和应用

(a) 平面刨刀；(b) 弯头刨刀；(c) 偏刀；(d) 切刀；(e) 弯切刀；(f) 燕尾槽角度刨刀

(1) 平面刨刀：用于刨削水平面，有直头刨刀和弯头刨刀；

(2) 偏刀：用于刨削台阶面、垂直面和外斜面等；

(3) 切刀：用于刨削直角槽和切断工件等；

(4) 弯切刀：用于刨削 T 形槽和侧面直槽；

(5) 角度刀：用于刨削燕尾槽和内斜面等；

(6) 样板刀：用于刨削 V 形槽和特殊形面。

7.1.4.2 拉刀

1. 拉削概念

拉削是指用拉刀在拉床上加工工件内、外表面的一种加工方法，拉刀可拉削各种形状的通孔和外表面，如图 7-3 所示，其中以内孔拉削（含圆柱孔、花键孔、内键槽等）应用最广。

二维码 7-3

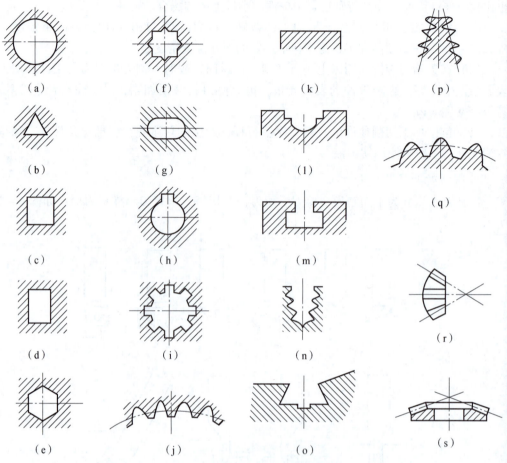

图 7-3 拉削加工各种内外表面

(a) 圆孔；(b) 三角孔；(c) 正方孔；(d) 长方孔；(e) 六角孔；(f) 多角孔；(g) 鼓形孔；(h) 键槽；
(i) 花键孔；(j) 内齿轮；(k) 平面；(l) 成形表面；(m) T 形槽；(n) 榫槽；(o) 燕尾槽；
(p) 叶片榫轮；(q) 圆柱齿轮；(r) 直齿锥齿轮；(s) 螺旋锥齿轮

  拉刀是一种多齿高生产率的精加工刀具。拉削时，拉刀沿轴线做等速直线运动为主运动，没有进给运动，其进给运动是靠拉刀刀齿的齿升量（相邻两齿或齿组的半径差）来实现的。由于拉刀的后一个（或一组）刀齿比前一个（或一组）刀齿高，从而能够一层层地从工件上切下多余的金属，如图 7-4 所示。

2. 拉削特点

  拉孔与其他孔加工方法相比，具有以下特点：

  (1) 生产率高。拉刀是多齿刀具，拉削时，同时参加工作的刀齿数多，切削刃的总长度长，一次行程即完成粗、半精及精加工，因此生产率很高，尤其是加工形状特殊的内、外表面时，更能显示拉削的优点。

  (2) 加工精度与表面质量高。一般拉床采用液压系统，传动平稳；拉削速度较低，一般 $v_c = 2 \sim 8$ m/min，以避免产生积屑瘤。由于拉削速度较低，切削厚度很小，所以可获得较高的精度和较好的表面质量，其拉削精度可达 IT8~IT7，表面粗糙度值为 $Ra3.2 \sim 0.8$ μm。

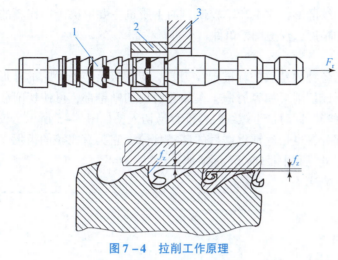

图 7-4 拉削工作原理
1—拉刀；2—工件；3—机床

（3）加工范围广。拉刀可以加工出各种截面形状的内、外表面，有些其他切削加工方法难以完成的加工表面，也可以采用拉削加工完成。

（4）拉刀耐用度长。由于拉削速度很低，而且每个刀齿在一个工作行程中只切削一次，因此，拉刀磨损小、耐用度较长。

（5）机床结构简单，操作方便。因为拉削一般只有一个主运动（拉刀直线运动），较进给运动由拉刀刀齿的齿升量来完成。

（6）拉刀是专用刀具。一种形状与尺寸的拉刀，只能加工相应形状与尺寸的工件，不具有通用性，因此拉刀也被称为定尺寸刀具。

（7）拉刀结构复杂，制造成本高，主要用于成批、大量生产。

由于受到拉刀制造工艺以及拉床动力的限制，过小或特大尺寸的孔均不适宜于拉削加工，盲孔、台阶孔和薄壁内孔也不适宜于拉削加工。

7.1.4.3 螺纹刀具

螺纹的种类很多，应用很广，螺纹的加工方法和螺纹刀具也很多。按螺纹加工方法，螺纹刀具可分为切削法螺纹刀具（螺纹车刀、螺纹梳刀、螺纹铣刀、螺纹切头、丝锥、圆板牙）和滚压法螺纹刀具两大类，其中应用较广且有代表性的是螺纹车刀和丝锥。

7-4 拉削拓展知识链接　　　二维码 7-5

1. 切削加工螺纹刀具

1）螺纹车刀

螺纹车刀是一种刀具刃形由螺纹牙形决定的成形车刀，结构简单，通用性好，可用于加工各种形状、尺寸和精度的内、外螺纹。因属单刃刀具，工作时需多次走刀才

模块七　其他刀具简介及应用　279

能切出完整的螺纹廓形，故生产率较低，加工质量主要取决于操作者的技术水平和机床、刀具本身的精度，仅适用于单件、小批量生产。

2）丝锥

丝锥是加工各种内螺纹的标准螺纹刀具，应用极为广泛。它的外形很像螺栓，沿轴向开出沟槽形成切削刃和容屑槽；在端部磨出切削锥部，可使切削载荷分配在几个刀齿上，切削平稳，同时加工螺纹时丝锥容易切入，如图 7-5 所示。校准部分是丝锥工作时的导向部分，也是丝锥重磨后的储备部分，它具有完整的齿形。为了减少与工件之间的摩擦，外径和中径向柄部逐渐缩小。

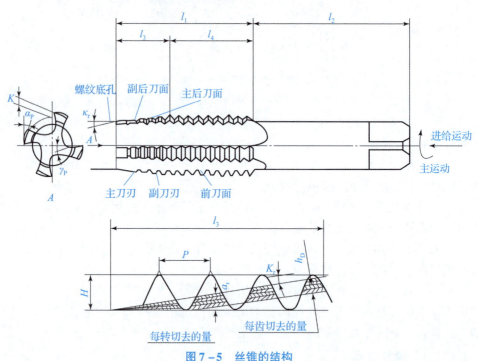

图 7-5　丝锥的结构

丝锥结构简单，使用方便，可用于手工操作或在机床上使用，生产率较高，能加工一般精度或高精度螺纹，在中、小尺寸的螺纹加工中应用广泛。对于小尺寸的三角形内螺纹，丝锥几乎是唯一的切削工具。常用丝锥有：手用丝锥、机用丝锥、螺母丝锥、挤压丝锥和拉削丝锥等。手用丝锥是圆柄方头，这种丝锥一般做成 2~3 只为一套，每套丝锥的外径、中径和内径均相等，只是切削部分长度不同。这样制造方便，而且第二只或第三只丝锥经过修磨后可改作第一只丝锥使用。

7.1.4.4　齿轮加工刀具

齿轮刀具是指加工各种齿轮、蜗轮、链轮和花键等齿廓形状的刀具。由于齿轮的种类很多，加工要求及加工方法又各不相同，所以齿轮刀具的种类也很多。齿轮以渐开线圆柱齿轮应用最多，加工渐开线圆柱齿轮的刀具，按齿面切削加工原理分为成形齿轮刀具（如盘形齿轮铣刀和指状齿轮铣刀）和展成齿轮刀具（如齿轮滚刀、插齿刀、剃齿刀等）两大类。

7-6　螺纹加工拓展知识链接

1. 成形法齿轮刀具

这类刀具切削刃的廓形与被切齿轮齿槽形状相同或近似相同，常用的有盘形齿轮铣刀和指形齿轮铣刀两种，如图7-6所示。

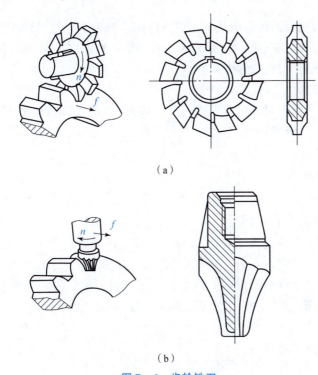

图7-6 齿轮铣刀
(a) 盘形齿轮铣刀；(b) 指形齿轮铣刀

1) 盘形齿轮铣刀

盘形齿轮铣刀实际是一把铲齿成形铣刀，如图7-14（a）所示，一般在普通铣床上利用分度头加工直齿或斜齿圆柱齿轮。工作时铣刀旋转并沿齿槽方向进给，铣完一个齿后进行分度，再铣第二个齿，故生产率和加工精度都较低，主要用于单件小批量生产或修配中加工低精度的圆柱齿轮。

用这种铣刀加工齿轮时，齿轮的齿廓精度是由铣刀切削刃形状来保证的，而渐开线齿廓是由齿轮的模数和齿数决定的，所以齿轮的模数、齿数不同，渐开线齿廓就不一样。因此，要加工出准确的齿廓，每一个模数、每一种齿数的齿轮，就要相应地用一种形状的铣刀，这样做显然是行不通的。在实际生产中，是将同一模数的齿轮铣刀按其所加工的齿数分为8组（精确的是15组），每一组内不同齿数的齿轮都用同一把铣刀加工，分组见表7-1。例如，被加工的齿轮模数是3 mm，齿数是28，则应选用 $m = 3$ mm 系列铣刀中的5号铣刀来加工。

表7-1 盘形齿轮铣刀的编号

刀号	1	2	3	4	5	6	7	8
加工齿数范围	12~13	14~16	17~20	21~25	26~34	35~54	55~134	135以上

标准齿轮铣刀的模数、齿形角和加工的齿数范围都标记在铣刀的端面上。由于每种刀号的铣刀刀齿形状均按所加工齿数范围中的最小齿数设计，因此，加工该范围内其他齿数齿轮时，就会产生一定的齿廓误差。盘形齿轮铣刀适用于加工 $m \leqslant 8$ mm 的齿轮。

表 7-1 中各号铣刀的齿形按其加工齿数范围内的最小齿数设计的原因是，齿数少的齿轮齿形曲率半径小，按此齿形制造的铣刀切削齿数较多的齿轮时将把齿顶和齿根部分多切下一些，这样对齿轮啮合的影响较小。

2）指形齿轮铣刀

指形齿轮铣刀实际上是一把成形立铣刀，如图 7-14（b）所示。工作时铣刀旋转并进给，工件分度。这种铣刀适合于加工大模数（$m > 10$ mm）的直齿、斜齿轮，并能加工人字齿轮。

2. 展成齿轮刀具

展成齿轮刀具切削刃的廓形不同于被切削齿轮任何剖面的槽形，它是根据齿轮的啮合原理设计而成的切齿刀具，切齿时除主运动外，还需有刀具与齿坯的相对啮合运动，称为展成运动。工件齿形是由刀具齿形的展成运动中若干位置包络切削形成的。齿轮滚刀、插齿刀、剃齿刀、蜗轮刀具和锥齿轮刀具等均属于展成齿轮刀具。

展成齿轮刀具的特点是，用同一把刀具可加工同一模数的任意齿数的齿轮，加工精度与生产率均较高，通用性好，在成批加工齿轮时被广泛使用。

1）齿轮滚刀

齿轮滚刀的工作原理如下：

图 7-7 所示为齿轮滚刀，它是按展成法原理加工齿轮的刀具，在齿轮制造中应用很广泛，可以用来加工外啮合的直齿轮和斜齿轮。其加工齿轮的模数范围为 0.1~40 mm，且同一把齿轮滚刀可加工相同模数的任意齿数的齿轮。

二维码 7-7

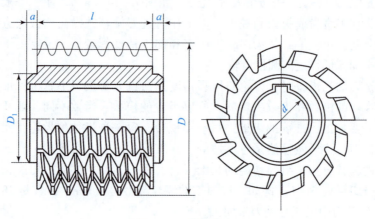

图 7-7 齿轮滚刀

2）插齿刀

插齿刀的工作原理如下：

在生产中，插齿刀是仅次于齿轮滚刀的常用齿轮刀具。插齿刀也是利用展成法原理加工齿轮，同一把插齿刀可以加工模数和齿形角相同而齿数不同的齿轮。它既可加工外啮合齿轮，也能加工内齿轮、塔形齿轮、带凸肩齿轮、人字齿轮及齿条等。插齿刀的形状很像一个圆柱齿轮，其模数、齿形角与被加工齿轮对应相等，只是插齿刀有前角、后角和切削刃。

7-8

7-9 齿轮加工拓展知识链接码

7.1.5 任务实施

7.1.5.1 学生分组

学生分组表 7-1

班级		组号		授课教师	
组长		学号			
组员	姓名	学号	姓名	学号	

7.1.5.2 完成任务工单

任务工作单

组号：_____　姓名：_____　学号：_____　检索号：__7152-1__

引导问题：

在刨床上用平口虎钳装夹 1 个正六面体零件，要求刨削完毕对面平行且相邻面垂直，刨削顺序如何安排？研讨刨削顺序并绘制简图。

_____

_____

任务工作单

组号：_____　姓名：_____　学号：_____　检索号：__7152-2__

引导问题：

模块七　其他刀具简介及应用

车削外螺纹时，螺纹车刀如何装夹？研讨装夹方法并绘制简图。

任务工作单

组号：_____ 姓名：_____ 学号：_____ 检索号：__7152 – 3__

引导问题：

加工模数 $m = 6$ mm 的齿轮，齿数 $z_1 = 36$、$z_2 = 34$，试选择盘形齿轮铣刀的刀号，在相同的切削条件下，哪个齿轮的加工精度高？为什么？

7.1.5.3 合作探究

任务工作单

组号：_____ 姓名：_____ 学号：_____ 检索号：__7153 – 1__

引导问题：

（1）小组讨论，教师参与，确定任务工作单 7152 – 1 ~ 7152 – 3 的最优答案，并检讨自己存在的不足。

（2）每组推荐一个小组长，进行汇报。根据汇报情况，再次检讨自己的不足。

7.1.6 评价反馈

任务工作单

组号：_____ 姓名：_____ 学号：_____ 检索号：__716 – 1__

自我评价表

班级		组名		日期	年　月　日
评价指标	评价内容			分数/分	分数评定
信息检索能力	能有效利用网络、图书资源查找有用的相关信息等；能将查到的信息有效地传递到工作中			10	
感知学习	是否能在学习中获得满足感、课堂生活的认同感			10	

续表

班级		组名		日期	年　月　日
评价指标	评价内容			分数/分	分数评定
参与态度、交流沟通	积极主动与教师、同学交流，相互尊重、理解、平等；与教师、同学之间是否能够保持多向、丰富、适宜的信息交流			10	
	能处理好合作学习和独立思考的关系，做到有效学习；能提出有意义的问题或能发表个人见解			10	
知识、能力获得	其他刀具名称	种类	用途	20	
	加工模数 $m = 6$ mm 的齿轮，齿数 $z_1 = 36$、$z_2 = 34$，完成下表：			20	
	确定铣刀刀号				
	在相同条件下，哪一个齿轮加工后的精度高				
辩证思维能力	是否能发现问题、提出问题、分析问题、解决问题、创新问题			10	
自我反思	按时按质地完成任务；较好地掌握知识点；具有较为全面、严谨的思维能力，并能条理清楚、明晰地表达成文			10	
	自评分数				
有益的经验和做法					

任务工作单

组号：_____　　姓名：_____　　学号：_____　　检索号：___716 - 2___

小组内互评验收表

验收人组长		组名		日期	年　月　日
组内验收成员					
任务要求	本任务中的其他刀具包括的刀具种类；能根据齿轮加工模数、齿数，选择齿轮铣刀刀号；文献检索目录清单，不少于 5 份				
文档验收清单	被评价人完成的 7152 - 1 任务工作单				
	被评价人完成的 7152 - 2 任务工作单				
	被评价人完成的 7152 - 3 任务工作单				
	文献检索目录清单				

续表

验收评分	评分标准	分数/分	得分
	说出其他刀具的种类，缺一处扣5分	40	
	能根据齿轮加工模数、齿数，选择齿轮铣刀刀号，错误不得分	40	
	文献检索目录清单，至少5份，少一份扣4分	20	
	评价分数		
总体效果定性评价			

任务工作单

被评组号：_____ 检索号：__716-3__

小组间互评表

班级		评价小组		日期	年 月 日
评价指标	评价内容			分数/分	分数评定
汇报表述	表述准确			15	
	语言流畅			10	
	准确反映该组完成情况			15	
内容正确度	内容正确			30	
	句型表达到位			30	
	互评分数				

二维码7-10

任务工作单

组号：_____ 姓名：_____ 学号：_____ 检索号：__716-4__

任务完成情况评价表

任务名称	磨削参数选用			总得分		
评价依据	学生完成任务后的任务工作单					
序号	任务内容及要求		配分/分	评分标准	教师评价	
					结论	得分
1	描述其他刀具的种类及用途	描述正确	40	错一处6分		
2	齿轮铣刀的选择	选择正确	40	错误不得分		
3	文献检索目录清单	清单数量	10	少一份扣2分		

续表

任务名称	磨削参数选用			总得分	
评价依据	学生完成任务后的任务工作单				
序号	任务内容及要求		配分/分	评分标准	教师评价
					结论	得分
4	素质素养评价	(1) 沟通交流能力	10	酌情赋分，但违反课堂纪律，不听从组长、教师安排，不得分		
		(2) 团队合作				
		(3) 课堂纪律				
		(4) 合作探学				
		(5) 自主研学				

二维码 7–11

任务二　新型刀具简介

新型材料加工刀具具备良好的耐磨性、耐热性、强韧性，可实现高效加工并能显著降低生产成本。随着机床高速化、高精度加工技术的进步、难加工材料切削的增多，刀具材料（陶瓷、硬质合金、TiC/TiN基金属陶瓷、涂层硬质合金等）进展也十分显著。在现代切削加工中，高效率的追求以及大量难加工材料的出现，对刀具性能提出了进一步的挑战。因此，选择刀具材料、设计刀具结构及发展刀具涂层和高性能刀具技术成为提高切削加工水平的关键环节，适合各种加工用途的新型刀具正不断被开发出来。

7.2.1　任务描述

了解新型刀具是应产品结构、材料发展而来的，是对传统标准刀具的继承与创新，是推进具体应用领域切削加工整体解决方案进步的重要组成部分。

7.2.2　学习目标

1. 知识目标

（1）了解新型刀具的结构、规格、材料和应用领域；
（2）熟悉新型刀具与传统标准刀具的继承和创新关系。

2. 能力目标

借助互联网与技术资料，能根据具体应用场景选择合适的新型刀具。

3. 素养素质目标

（1）培养脚踏实地、开拓创新的精神；
（2）培养理论联系实际的工作作风。

7.2.3　重难点

1. 重点

新型刀具的结构分析和应用领域。

2. 难点

根据具体应用场景，选择合适的新型刀具。

7.2.4　相关知识链接

2017年5月，主编所在单位与某公司联合成立工具研究所，开发了众多新型刀具，用于英国罗罗叶片、GE燃机航空叶片、汽轮机叶片等。

1. 机夹式立铣刀（见图7-8）

机夹式立铣刀的刀片规格：SCMT08、SCMT09；刀具规格：D32、D40、D20。其主要用于汽轮机、燃气轮机叶片型面的粗加工和侧面的粗铣;自主开发,规格可以定制,切削轻快;刀具抗崩刃与耐磨性能与国际同类产品相当,大幅度降低了加工成本。

2. 机夹式倒角铣刀(见图 7-9)

机夹式倒角铣刀的刀片规格:SCMT08、SCMT09;刀具规格:D20、D25、D32、定制。其主要用于倒角铣削加工;自主开发,可根据被加工产品进行定制,切削轻快,刀具寿命高,可替代整体合金倒角铣刀,加工效率更高,节约生产成本。

图 7-8 机夹式立铣刀

图 7-9 机夹式倒角铣刀

3. 可换刀头式倒角刀(见图 7-10)

可换刀头式倒角刀的刀具规格有 D4.5D16°~90°、D8D16°~90°。其主要用于各类孔口的倒角;自主开发,刀头可更换,切削轻快,刀具寿命高;刀具抗崩刃与耐磨性能与国际同类产品相当,大幅度降低了加工成本。

图 7-10 可换刀头式倒角刀

7.2.5 任务实施

7.2.5.1 学生分组

7-12 新型刀具
拓展知识链接

学生分组表 7-2

班级		组号		授课教师	
组长		学号			
组员	姓名	学号		姓名	学号

7.2.5.2 完成任务工单

任务工作单

组号：_____   姓名：_____   学号：_____   检索号：__7252-1__

引导问题：

借助互联网和文献数据库，搜索山特维克可乐满、山高、瓦尔特、株洲钻石等金属切削加工刀具厂商推出的新型刀具及应用场景，并做成不超过10页的PPT进行展示。

_____

_____

7.2.5.3 合作探究

任务工作单

组号：_____   姓名：_____   学号：_____   检索号：__7253-1__

引导问题：

每组推荐1名小组长，进行汇报。

_____

_____

7.2.6 评价反馈

任务工作单

组号：_____ 姓名：_____ 学号：_____ 检索号：__726-1__

自我评价表

班级		组名		日期	年　月　日
评价指标	评价内容			分数/分	分数评定
信息检索能力	能有效利用网络、图书资源查找有用的相关信息等；能将查到的信息有效地传递到工作中			10	
感知学习	是否能在学习中获得满足感、课堂生活的认同感			10	
参与态度、交流沟通	积极主动与教师、同学交流，相互尊重、理解、平等；与教师、同学之间是否能够保持多向、丰富、适宜的信息交流			10	
	能处理好合作学习和独立思考的关系，做到有效学习；能提出有意义的问题或能发表个人见解			10	
知识、能力获得	你见过的新型刀具名称	特点	用途	40	
辩证思维能力	是否能发现问题、提出问题、分析问题、解决问题、创新问题			10	
自我反思	按时按质地完成任务；较好地掌握知识点；具有较为全面、严谨的思维能力，并能条理清楚、明晰地表达成文			10	
	自评分数				
有益的经验和做法					

任务工作单

组号：_____ 姓名：_____ 学号：_____ 检索号：__726-2__

小组内互评验收表

验收人组长		组名		日期	年　月　日
组内验收成员					
任务要求	新型刀具的种类、特点及其用途；文献检索目录清单，不少于5份				
文档验收清单	被评价人完成的7252-1任务工作单				
	文献检索目录清单				

续表

	评分标准	分数/分	得分
验收评分	说出新型刀具的种类，缺一处扣5分	30	
	阐述新型刀具的用途，错误一处扣5分	30	
	阐述新型刀具的特点，错误一处扣5分	20	
	文献检索目录清单，至少5份，少一份扣4分	20	
	评价分数		
总体效果定性评价			

任务工作单

被评组号：_____　　　　　检索号：726-3

小组间互评表

班级		评价小组		日期	年　月　日
评价指标		评价内容		分数/分	分数评定
汇报表述		表述准确		15	
		语言流畅		10	
		准确反映该组完成情况		15	
内容正确度		内容正确		30	
		句型表达到位		30	
		互评分数			

二维码7-13

任务工作单

组号：_____　姓名：_____　学号：_____　检索号：726-4

任务完成情况评价表

任务名称		磨削参数选用			总得分		
评价依据		学生完成任务后的任务工作单					
序号	任务内容及要求		配分/分	评分标准		教师评价	
						结论	得分
1	新型刀具的种类	描述正确	30	错一处扣5分			
2	新型刀具的用途	描述正确	30	错一处扣5分			

续表

任务名称		磨削参数选用		总得分		
评价依据		学生完成任务后的任务工作单				
序号	任务内容及要求		配分/分	评分标准	教师评价	
					结论	得分
3	新型刀具的特点	描述正确	20	错一处扣5分		
4	文献检索目录清单	清单数量	10	少一份扣2分		
5	素质素养评价	（1）沟通交流能力	10	酌情赋分，但违反课堂纪律，不听从组长、教师安排，不得分		
		（2）团队合作				
		（3）课堂纪律				
		（4）合作探学				
		（5）自主研学				

二维码7-14